主编 吴越 陈翔

编著 曹震宇 张涛 吴璟 夏冰

U0173493

建筑设计新编教程 1—设计初步

New Course of Architectural Design 1-Preliminary Design

中国建筑工业出版社

图书在版编目（CIP）数据

建筑设计新编教程. 1：设计初步 = New Course of
Architectural Design 1-Preliminary Design / 吴越，
陈翔主编；曹震宇等编著. -- 北京：中国建筑工业出
版社，2022.8（2023.4重印）
　　ISBN 978-7-112-27515-1

　　Ⅰ. ①建… Ⅱ. ①吴… ②陈… ③曹… Ⅲ. ①建筑设
计—教材 Ⅳ. ①TU2

中国版本图书馆CIP数据核字(2022)第100820号

责任编辑：徐昌强 李东 陈夕涛
责任校对：赵菲

建筑设计新编教程 1—设计初步
New Course of Architectural Design 1-Preliminary Design
主编 吴越 陈翔
编著 曹震宇 张涛 吴璟 夏冰

*
中国建筑工业出版社出版、发行（北京海淀三里河路9号）
各地新华书店、建筑书店经销
临西县阅读时光印刷有限公司印刷
*
开本：850毫米×1168毫米 1/16 印张：15¼ 字数：470千字
2022年8月第一版 2023年4月第二次印刷
定价：**138.00**元
ISBN 978-7-112-27515-1
（39635）

前言

面对全球化、信息化的挑战，建筑学这门古老的学科，正经历空前变革的压力。专业结构的渗透与交叉、知识体系的更新与互联，打破了学科的固有边界，也触碰了学科的既有内涵。与之相对应的建筑教育，如何适应高速变化的外部环境，走出象牙塔式的传统教育模式，探索一条与时代进步相适应的改革之路，显得尤其必要和迫切。

基于上述思考，浙江大学建筑学系自 2016 年以来，对本科核心设计课程进行了一系列调整。以"国际化、跨学科、实战对接"为核心理念，以提升思维能力和专业素养为目标导向，形成了"3+1+1"建筑设计课程体系（图1），提出了"知识传授与素质培养并重、技能训练与思维培育兼顾，宽平台、厚基础的卓越人才培养方案"。特别是本科前三年，以较为严格控制的、理性的课程体系进行设计核心课程训练，通过"设计初步""基本建筑""综合进阶"三个阶段的系统学习，掌握建筑设计的基本方法和技能，为后续的专业学习及专业拓展打下良好的基础。

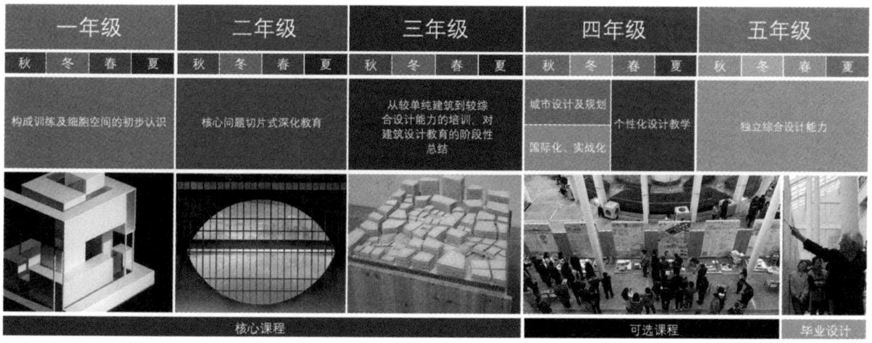

图1 "3+1+1"建筑设计课程体系

课程训练分为"设计思维训练"和"基本技能训练"两个系列。其中"设计思维训练"通过细胞空间初步训练、核心问题切片训练、复杂问题综合训练这几个递进式教学模块的设置，由抽象到具象、由部分到整体、由简单到复杂，逐步提升，实现对建筑设计问题的综合理解和掌握。"基本技能训练"包括二维图示、三维模型、视觉图解、田野调查、分析测评、阅读归纳、案例启蒙、建筑策划、专题研究、综合表达、执业熏陶、竞争与团队合作等素质能力的训练，有机嵌入设计思维训练的环节中，形成一个系统的学习方法体系（图2）。

在本科前三年的课程体系里，一、二年级聚焦"建筑本体系统"的空间、功能、技术、形式等核心问题，并触碰到外部具体环境，完成从抽象认知到基本建筑的系统性基础学习。三年级是在前两年"建筑本体系统"训练的基础上，叠加包括城市（建成环境、规划）、自然（场地、景观）、文化（地域、历史、文脉）、社会（社区、人群、观念、规则、决策机制）等"复杂外部系统"的综合性训练。（图3）

一年级的核心关键词是"基础理性"，通过基于构成和细胞空间的初步训练，培养学生初步的设计概念和设计理性。课程训练包括三维图底、体积规划、水平切分、垂直积聚、视觉尺度、形式秩序、人居空间、建构逻辑、场所环境等建筑设计基础性问题的系统训练，形成"以科学方法启蒙理性设计思维"的建筑设计基础教学体系。教学组织模式以"教、学、评、展、著"五个环节，构成前后关联、相互支撑的系统，引导学生实现五感合一："眼"（细心观察）、"手"（实际操作）、"脑"（思辨分析）、"口"（表达沟通）、"心"（成就感与专业热情）。强调知识、技能与思维意识三个层面多对矛盾（包括直观现象与抽象属性、直觉偏好与理性逻辑、约束限制与激发创新）的"一致性"，激发学生持续、自主的学习和探索。

图2 "设计思维训练"与"基本技能训练"

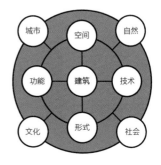

图3 "建筑本体系统"与"复杂外部系统"

二年级的核心关键词是"基本建筑",包括基本要素、基本关系、基本原理三方面内容。通过对基本功能、基本结构、基本构造、基本材料、基本设计语言、基本建筑环境、基本规范等建筑设计的基本问题的切片式学习,形成对建筑设计基本方法的理解和掌握。课程强调技能切片训练的逻辑性(包含整体性)、操作与观察的互动性(包含多元性)。具体通过一系列具有针对性的设计,包括人居(空间与功能角色)、建构(空间与结构构造)、场所(空间与场地环境)等各有侧重的设计思维训练横向切片,及"阅读、调研、分析、测评、表达"等技能性纵向切片,将基本问题嵌入设计课题,既突出问题,又有效地训练设计。

三年级的核心关键词是"综合进阶",是在前两年基础性训练的基础上,加入复杂功能、复杂结构、复杂材料和构造、复杂环境等因素,强化对复杂建筑问题的理解,强化对综合性建筑设计能力的训练和提升,是核心设计课程的阶段性总结。三年级设计课程包括约束性设计、系统性设计、开放性设计、探究性设计四部分内容。其中的"约束性设计",以都市环境下的既有建筑改造作为课题载体,强调条件约束对建筑设计的影响,训练学生的问题意识,以及在限定状态下对建筑问题的回应和解决;"系统性设计"强调"系统观念"在建筑设计中的作用,课题以"自然环境场地 + 非经验功能主题"的方式,通过对环境系统与建筑系统的复合叠加,引导学生理解建筑是由众多系统性要素复合建构的复杂体系,尝试从无到有建构完整性建筑世界的可能;"开放性设计"的命题以事件为线索,以社会性、思想性为概念内核,通过短周期的课题训练学生对建筑设计问题的开放性探索;"探究性设计"关注建筑设计的"问题、策略、解决"等环节的综合性能力训练,针对城市片区的人群、建筑等复杂现象,通过问题研究、项目策划、建筑设计、概念竞标与团队合作等操作环节,训练学生的实战对接能力、对复杂条件的评估决策以及建筑设计问题的全光谱观察,实现不确定条件下的确定性设计。

针对本科三个年级的建筑设计教学,本教程对应为《建筑设计新编教程 1—设计初步》《建筑设计新编教程 2—基本建筑》《建筑设计新编教程 3—综合进阶》。

本教程尝试以客观型教学替代主观型教学,通过结构有序的教学流程的组织,让学习者理解建筑设计教学的规律性特征,达到普遍合格的学习效果和质量。具体归纳如下:

1. 将建筑设计教学问题分解为"建筑本体系统"+"复杂外部系统"的叠合。教程 1 关注"建筑本体系统"核心问题的抽象认知;教程 2 关注"建筑本体系统"核心要素的完整学习;教程 3 关注叠加"复杂外部系统"后形成的复杂建筑系统的整体建构。阶段目标清晰,整体目标完整,具有较强的连贯性、系统性。

2. 强调思维能力培养与基本技能训练的"双轨推进"。教程编排包括设计思维培养、设计技能操作由易到难的系统训练,统筹学习者在知识、能力、人格等素质培养方面的完整性以及未来职业发展的宽适性。

3. 突出建筑设计教学的"问题导向"特点。课题设置避免按功能类型组织的程式化操作,代之以通过细胞空间初步训练、核心问题切片训练、复杂问题综合训练的渐进式方案,围绕基于设计能力提升这一核心问题,形成具有针对性的解决路径。

4. 通过对设计要素的抽象提炼，突出特征，提高专业学习的"可辨识度"。比如以"基本建筑"的概念对设计的基本问题作切片式提取，将问题切片嵌入设计课题，形成"强调功能的设计""强调材料结构的设计""强调构造的设计""强调组群的设计"等有较强可识别性的"基本建筑"设计方法的学习。

5. 根据不同的学习内容，设置不同的学习场景。一年级基于原理的"操作"强调客观性，基于变量的"观察"强调能动性，形成"基本操作后的观察"；二年级的教学则是"切片观察后的操作"；三年级的教学强调"观察与操作反复叠加的综合"。场景与角色的切换，有利于学生在复杂的建筑设计学习过程中修正认知，找准坐标。

6. 教程的选题强调非经验性。比如动物收容所、西溪艺舍等，由于学生缺乏对这一类建筑的直观认识，需通过调研、查找资料等方式重新认识功能，理解功能在设计中的真实意义。又比如"再建筑"的功能策划，让学生分成多个小组，分别以社区、企业、开发商、个人、NGO等角色进行任务书编制。角色的多元性，使学生跳出小我的局限，看到建筑背后复杂的社会属性，从而进一步理解基于需求的功能任务书是如何制定出来的。

7. 鼓励和培养正确的设计价值观。强调知识、技能与思维意识三个层面多对矛盾（包括直观现象与抽象属性、直觉偏好与理性逻辑、约束限制与激发创新）的"一致性"。强调基于社会性、思想性、策略性、可持续性的设计价值观的凝练，以及强调基于约束性、系统性、开放性、探究性的设计方法论的提升，激发学生持续、自主的学习和探索。

本教程的素材大部分采自浙江大学建筑系近五年建筑设计教学的教案、作业。感谢参与整个设计教学过程的所有教师、同学的辛劳与付出；感谢对本教程编写提出宝贵建议的前辈、同仁；感谢胡慧峰、管理、张焕、戚山山、许伟舜、秦洛峰、汪均如、浦欣成、宣建华、王晖、黄絮、魏薇、傅舒兰、连铭、毛联平、钱锡栋、董笑砚、贺勇、孙炜玮、夏冰、吴津东、徐辛妹、余之洋、陈子莹、章艳芬、张佳苹、郭剑峰、朱彤、钟佳滨、虞思蕊、胡敏、马斌、蒋雅静、沈令逸、余沛东、孙雅文对本书的贡献；感谢浙江大学建筑规划学科联盟、浙江大学平衡建筑研究中心对本书出版给予的支持！

期待从事建筑教育的同仁批评指正！期待建筑教育更丰富多彩的未来！

吴越 陈翔

目录

设计初步 1

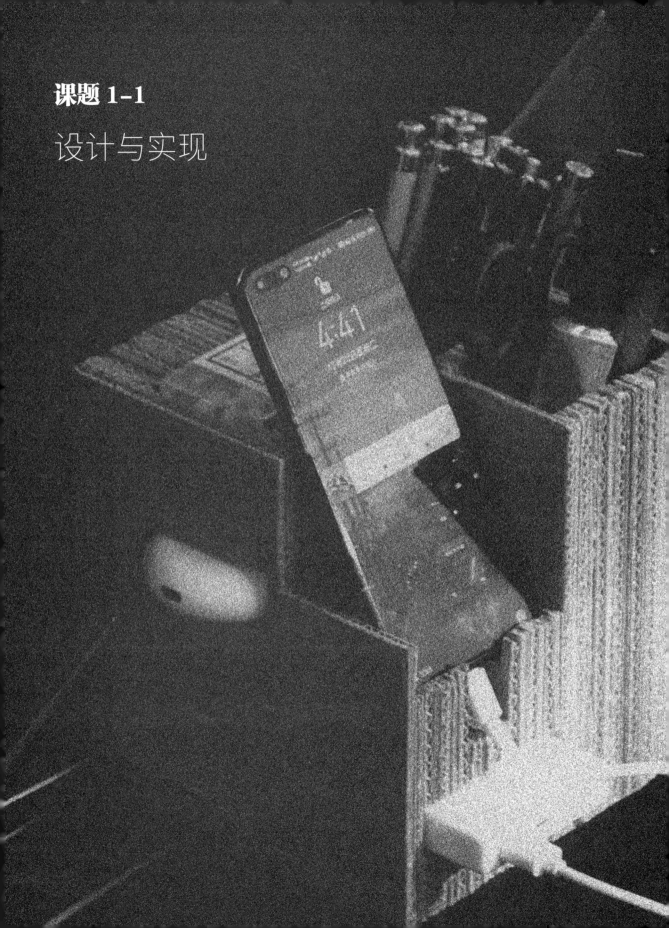

课题 1-1

设计与实现

课题概述

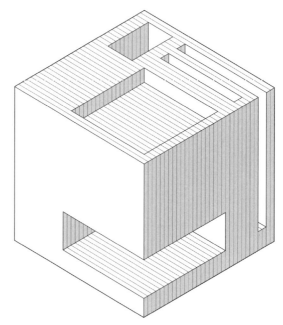

图 1-1-1 设计与实现

教学任务

以指定材料制作一个立方体容器，用于收纳设计者的文具、手机等个人物品。在课题练习中初步体会从设计到实现的过程，并学习理解在此过程中所涉及的使用功能、空间形式、材料工艺、设计表达等相关知识点。（图 1-1-1）

教学要点

1. 使用功能与空间形式
2. 材料特性与制作工艺
3. 设计、制作与表达

教学周期

2.0 周，16 课时

教学安排

第 01 周

第 1 次课（4 课时）

课内：讲述课；安排座位，整理专教；布置任务。

课后：准备工具材料；确定容器内放置的物品并制作相应的盒子；制作容器框架。

第 2 次课（4 课时）

课内：小组讨论选定的物品及相应的盒子；调整盒子；尝试在容器框架内定位盒子；小组讨论初步方案。

课后：调整改进方案。

第 02 周

第 1 次课（4 课时）

课内：小组讨论改进方案；确定方案；选择材料，开始制作容器。

课后：完成容器制作。

第 2 次课（4 课时）

课内：布置绘图要求；绘制图纸。

课后：完成图纸。（图 1-1-2、图 1-1-3）

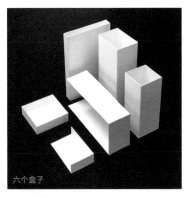
六个盒子

空间定位

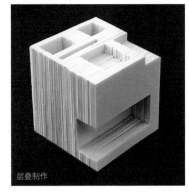
层叠制作

收纳物品

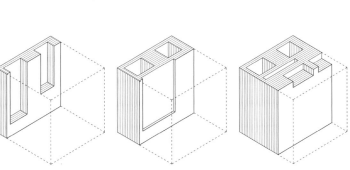

图 1-1-2 层叠制作过程

图 1-1-3 课题 1-1 过程模型照片

背景知识

1 需求是设计的缘起和动力

建筑的设计以及建造实现源于人类对适宜的生存空间的需求，这种需求包含了生理和精神两个层面。

如古希腊哲学家亚里士多德所言："房屋的本质是由这样的公式而决定的：一件可抵抗风、雨、热所引起毁坏的遮蔽物。"[1] 正是在生理层面对安全性和舒适度的不懈追求，推动了建筑在工程技术方面的持续发展。因受到历史、地域、民族、社会等可统称为文化或是文脉的影响而产生的多种多样的建筑艺术形式，则充分反映了人类在精神层面的追求。

2 设计三要点：功能、形式、技术

两千余年前，古罗马建筑师维特鲁威（Vitruvius）在《建筑十书》中提到："所有这些建筑都应该根据坚固（soundness）、实用（utility）和美观（attractiveness）的原则来建造。若稳固地打好建筑物的基础，对建筑材料做出慎重的选择而又不过分节俭，便是遵循了坚固的原则。如果空间布局设计得在使用时不出错，无障碍，每种空间类型配置得朝向合适、恰当和舒适，这便是遵循了实用的原则。若建筑物的外观是悦人的、优雅的，构件比例恰当并彰显了均衡的原理，便是奉行了美观的原则。"[2] 时至今日，坚固、实用和美观依然是我们评价建筑最基本的标准，当然其内涵相较于维特鲁威所处的时代已有了极大的丰富。

与维特鲁威的三原则相对应，功能（对应实用）、形式（对应美观）、技术（对应坚固）便是建筑设计的三个要点。

2.1 功能与使用

就建筑而言，功能合理是指其内外空间能满足使用的要求。这种合理性不仅在于单个空间的大小、形态、开放度、私密性等特征能与特定的使用方式相契合，还涉及多个空间之间的功能分区、相互联系等与整体布局相关的问题。功能相同或相近的建筑类型在设计中往往具有普遍性的规律，这部分知识可以通过对规范标准的研读和对案例资料的分析习得。而另一种至关重要的学习方式则是日常生活中的观察与体验，相关经验的积累有助于设计者在设计过程中将自己作为使用者，通过想象，以亲历的状态考察、审视空间与使用的关系。

2.2 形式美的原则

对美的追求是人类的天性，没有疆域、文化和时间的差别。设计者要善于发现美，探究美的规律，并运用到设计中。虽然美的形式因个体

1 刘育东著.建筑的涵意 [M].天津：百花文艺出版社，2005：3.

2 （古罗马）维特鲁威著，（美）I. D.罗兰英译，（美）T. N.豪评注 / 插图，陈平中译.建筑十书 [M].北京：北京大学出版社，2012：68.

之间在知觉与感受上的差异而很难有放诸四海皆准的精确标准，但也存在一些可描述、判断与比较的基本原则。形式美的原则包括对称与平衡、重复与韵律、统一与变化等一系列相对的概念，具体表现则关乎形态、比例、尺度、色彩、质感等因素。建筑形式美感的产生有赖于和谐的秩序以及存在其间的焦点与变化。有助于秩序建立的工具包括比例关系、对位关系、控制线、格网、模数等。

2.3 技术与工艺

建筑设计的物化实现有赖于材料、结构、设备等工程技术的支撑配合，反之，工程技术的发展水平及其施工工艺也会对建筑设计产生深刻的影响。以材料为例，建筑材料的选择与使用要考虑三方面的因素：首先是材料的物理和化学性能，包括力学、防火、防水等与安全性相关的性能以及保温隔热、隔音、防潮等与舒适性相关的性能；其次，材料的色彩、肌理、质感、透明度、气味等涉及视觉、触觉乃至嗅觉的特性，会在很大程度上影响建筑的外观与空间品质；最后，同种材料或不同材料之间连接、组合的原理和方法，即涉及建筑构造的内容。

虽然我们可以将功能、形式、技术这三个要点分别进行论述，但在一项优秀的建筑设计中，三者应当是一种互相成就，并最终融为一体的关系。

3 设计的过程：从概念到实现

作为实用的设计艺术而非纯粹的象征艺术，建筑艺术的核心是优美地建造实现，而非优美的形式。因此，首先需要澄清的是：设计，尤其是建筑设计，不是靠灵光乍现或是头脑风暴就可以一蹴而就的。从概念到实现，从想法到作品，建筑设计不仅考验设计者先天与后天的创造力，还包含大量理性且合乎逻辑的思考活动。同时，建筑设计不存在唯一的正确答案，是一个寻求各种可能性、不断试错的过程。

在实际建设工程中，视项目的规模大小和复杂程度，设计周期一般会持续几个月乃至数年，经历方案设计、初步设计和施工图设计三个阶段。从分工协作来看，一项建筑设计需要以建筑师为核心，通过与景观设计师、室内设计师、工业产品设计师的合作，以及结构、给排水、电气、暖通空调、弱电智能化、幕墙、经济等专业工程师的配合，甚至是使用者的参与才能完成。

4 设计的对象：实体与空间

实体，尺寸或大或小，形状或简或繁，一般通过其清晰明确的轮廓而被识别。如加入人的感知因素，可用体量来对实体进行描述。空间本不可见，但可通过将其围合界定的物质边界间接呈现，从而被人感知其形态、尺度、容积等特征。

"……埏埴以为器，当其无，有器之用。凿户牖以为室，当其无，有室之用。故有之以为利，无之以为用。"老子在《道德经》中的这段话简练而精确地描述了器与用、实与空之间的关系，因此常被引用来解释建筑中实体与空间的关系：空间容纳了人的活动，是建筑中真正为人所用的部分，而实体以包裹或分割的方式确定了空间，两者犹如一枚硬币的正反两面，互为依存，不可分离。

建筑设计中形形色色、多种多样的设计手法，归根结底是对实体与空间的操作，而操作方法可简单区分为加法和减法两大类。

5 设计的表达：图与模型

建筑设计过程中，由于设计者无法将脑中的想法直接且真实地建造出来，故需要借助一些媒介，以类似物的形式提前展示设计问题或设计构想，以达到推敲方案、交流信息和表达成果的目的。这些媒介包括文字、图、实物模型、虚拟模型、动画、视频等，其中最为常用且最具专业特征的便是图与模型。

5.1 图

建筑图是在二维的画面上描述三维物体或空间，按投影法分类，最基本的三种建筑图是正投影图、平行投影图和中心投影图。平面图、立面图和剖面图属于正投影图，其特点是可以较为精确地反映物体的某些尺寸关系，但同时也丧失了三维的形象，需要读图者具备一定的专业知识和经验，通过三维想象来还原。轴测图分正轴测和斜轴测两类，均属于平行投影图，虽不能完全反映对象的真实形状和尺寸，却是可以度量和换算的。透视图是中心投影图，可以直观地反映对象的实体形象和空间关系，最接近人眼的成像模式。

5.2 模型

与图不同，建筑模型是以一种三维的形式表达真实的三维物体或空间。出于不同的目的，建筑模型可大致分为同形异构、异形同构和同形同构三种。同形异构模型主要关注设计对象的形态问题，异形同构着重于真实材料、结构形式等方面的研究，同形同构模型则更全面地预先展示设计对象建成后的真实状态。除了传统的实物模型，得益于计算机软硬件技术的发展，虚拟模型在当代建筑设计中得到了广泛应用。

5.3 草稿与正稿

换个角度，从图和模型在设计过程的不同阶段中所起的作用来看，

可将其分为草图 / 草模和正图 / 正模。一般来说，草图 / 草模往往会突出对某一方面设计问题的思考，主要用于设计者推敲方案或是专业人员之间的沟通交流；正图 / 正模则强调准确性、真实性和全面性，主要用于设计成果的表达。

参考资料

1.《抽象构成与空间形式》
（美）布鲁斯·朗曼，徐亮著 [M]. 北京：中国建筑工业出版社，2020.
参考内容：2.1 技法 [绘图]；2.2 形式 [要素]
2.《建筑制图（第三版）》
金方编著 [M]. 北京：中国建筑工业出版社，2018.
参考内容：制图工具及使用方法；第 1 章 投影；第 2 章 视图；第 4 章 轴测图

扩展阅读

1.《建筑的涵意》
刘育东著 [M]. 天津：百花文艺出版社，2005.
2.《建筑语汇》
（美）爱德华·T. 怀特著，林敏哲，林明毅译 [M]. 大连：大连理工大学出版社，2001.
3.《建筑的语言》
（美）安德里亚·西米奇，瓦尔·沃克编著，徐振译 [M]. 沈阳：辽宁科学技术出版社，2018.

练习 1-1.1：设计

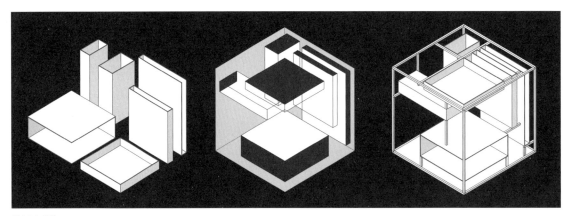

图 1-1-4 设计

任务书

练习任务

首先，选定六种个人物品，并用卡纸板制作六个盒子作为与物品一一对应的收纳空间。注意盒子的大小和开口既要与物品的尺寸相匹配，也与取放物品的动作相关。然后，将六个盒子组织、整合到一个规定尺寸的立方体框架中，着重考虑盒子之间的关系及其在整体中的位置。（图 1-1-4）

练习要点

1. 物品大小与空间容积
2. 取放方式与空间开口
3. 位置关系与网格模数

材料工具

1. 白色卡纸板：厚度 1mm，用于制作物品收纳盒子
2. 细木杆：截面尺寸为 3mmX3mm，用于制作框架及盒子的支撑构件
3. 白色 KT 板：厚度 5mm，用于制作框架底板
4. 相机或手机：用以拍照记录练习过程

指定物品   自选物品

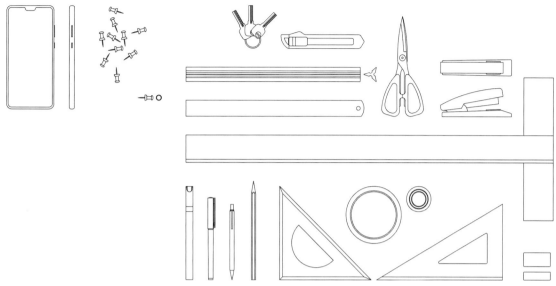

图 1-1-5 选取物品

过程详解

1 选取物品

选定将被收纳于立方体容器中的六种个人物品，其中两种为指定物品，四种为自选物品。（图 1-1-5）

　　设置指定物品的目的是在一定程度上统一练习的难度，同时可以让练习者意识到，在设计中，当面对同样问题时，存在多样的解决方案。在不同学年的教学中，指定物品可以有所变化，但都应当是常用的，且从练习的角度来看是有特点的。例如，在 2020-2021 学年的教案中，两种指定物品分别是手机和工字钉。对于手机而言，除了妥善地收纳，练习者还可以进一步考虑，在不将手机从容器中取出的情况下，是否也可以全部或部分地读取屏幕上的信息；而工字钉则有数量上的要求，根据期末评图的图纸数量，要求容器中至少要能收纳 40 枚工字钉。

　　四种自选物品给了练习者自由发挥的空间，毕竟最终制作完成的容器是供练习者自己使用的。从本课题几年的教学经历来看，除了常规的文具，一些练习者会选择诸如迷你音响、小型台灯，甚至盆栽绿植等个性化的物品；也有一些练习者会尝试挑战更高难度，比如将远远超过容器尺寸的丁字尺等物品作为收纳对象。当然，在完成本课题的练习后，大多数练习者会意识到，选择与众不同的物品与完成一个精彩的设计作品之间并不存在必然的联系。

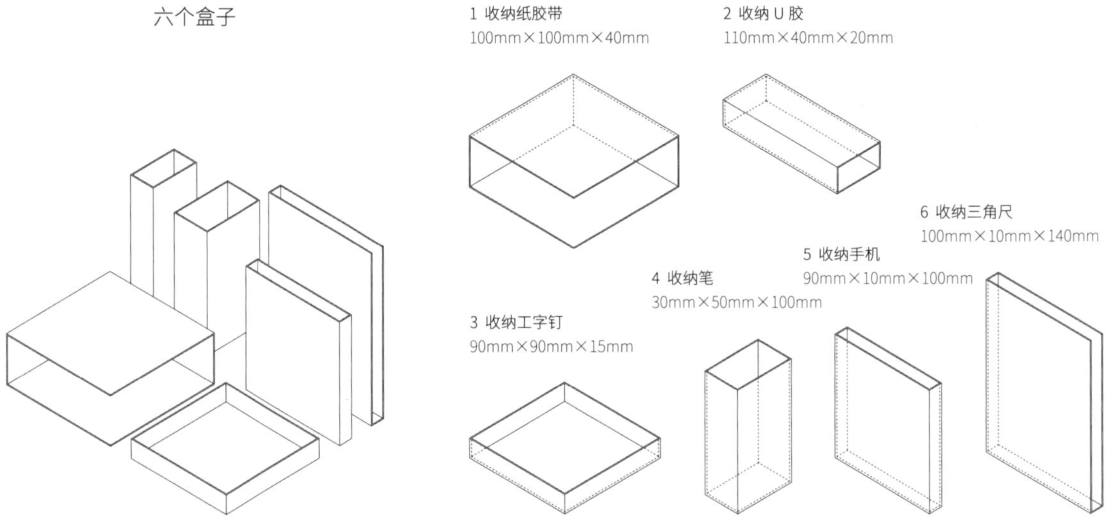

六个盒子

1 收纳纸胶带
100mm×100mm×40mm

2 收纳U胶
110mm×40mm×20mm

6 收纳三角尺
100mm×10mm×140mm

5 收纳手机
90mm×10mm×100mm

4 收纳笔
30mm×50mm×100mm

3 收纳工字钉
90mm×90mm×15mm

图 1-1-6 制作盒子

过程详解

2 制作盒子

制作六个盒子,分别用于放置相应的物品。注意盒子的大小形状和开口方向,盒子内部空间的净尺寸以 5mm 为模数。(图 1-1-6)

　　用 1mm 厚的白卡纸制作盒子,以此为起点,逐渐熟悉模型材料和工具,逐渐掌握制作模型的技能。

　　要求盒子的形体必须为立方体或长方体,盒子内部空间的净尺寸以 5mm 为模数,即长、宽、高三个方向的尺寸应为 5mm 或 5mm 的倍数。设置这两个规定的目的在于让练习者将注意力集中到练习的主题,避免在一些次要的细节上消耗过多的精力和时间。模数的设定,从某种意义上说,是将选择的可能性从无限变成了有限;此外,5mm 模数还与接下来的练习步骤密切相关。

　　确定盒子的尺寸和开口要综合考虑两方面的因素:一是收纳对象的物理尺寸,二是取放物品的具体动作。以工字钉为例,如果仅仅考虑收纳空间的容积,那么开口小而深的空间与开口大而浅的空间都是合用的。但如果进一步考虑取用工字钉的动作,就会发现,采用前一种空间形式的话,很容易被工字钉扎到手;而采用后一种空间形式,且盒子开口朝上,则明显更符合使用需求。

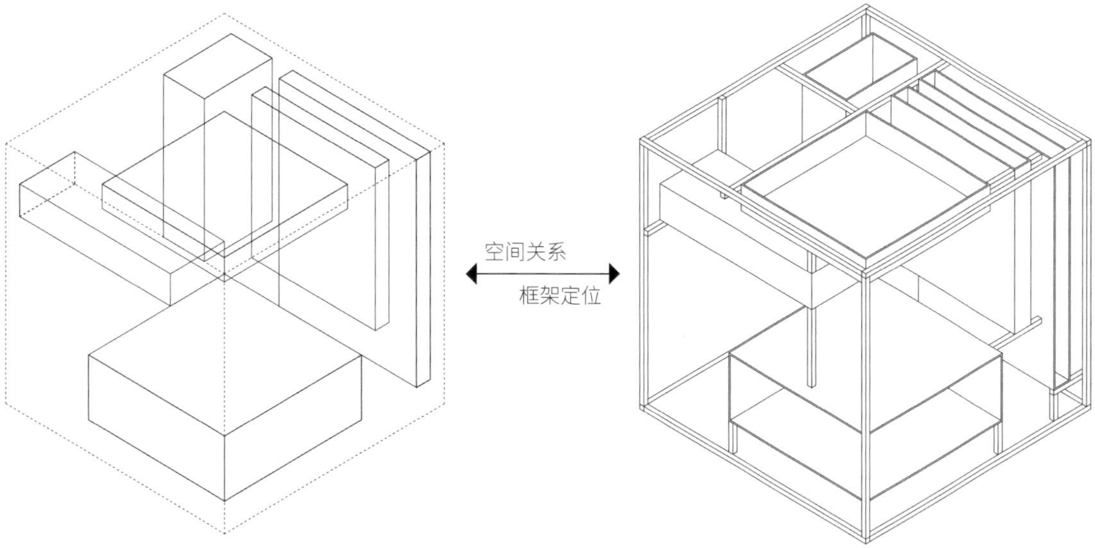

图 1-1-7 置入框架

空间关系 ←→ 框架定位

过程详解

3 置入框架

制作立方体框架，在立方体框架中放置六个盒子，推敲并确定其位置、方向及相互关系。（图 1-1-7）

以 KT 板为底板，用细木杆制作框架，控制框架的内部尺寸为 160mm×160mm×160mm，也就是说，用底板和边框界定一个立方体空间。

将六个盒子置入整体框架中时，应注意以下几点：

首先，在整体框架中，5mm 模数依然起作用，即：在确定单个盒子的位置时，具体尺寸还是应以 5mm 为最小单位。同时，盒子的各个面与整体立方体空间的各个面之间只能是平行或垂直关系，不允许出现旋转或倾斜的状态。

其次，盒子的开口应当紧贴整体立方体空间的顶面或垂直面，只有这样，这些开口才得以在最终的容器中成立。

再次，用尽可能少的细木杆支撑固定悬空的盒子。

最后，注意协调盒子之间的关系，使之成为一个整体。要在盒子之间建立清晰可读的关系，最简单的方法是对齐，包括中心对齐、中轴线对齐和边线对齐。

练习过程中，如有必要，可对盒子的尺寸进行适当调整。

练习 1-1.2：实现

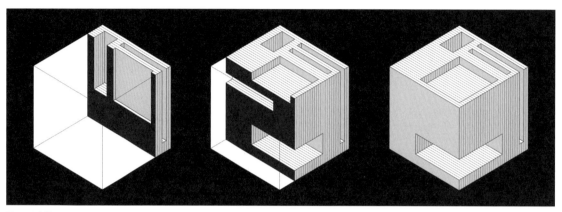

图 1-1-8 实现

任务书

练习任务

了解瓦楞纸与 KT 板的材料特性，并选择其中一种以层叠的方式制作立方体容器成品。绘制相关图纸以表达设计信息，学习多方向视图和轴测图的绘制方法以及各种绘图工具的使用方法。掌握模型照片拍摄和 PS 软件运用的基本技能。（图 1-1-8）

练习要点

1. 从设计概念到制作实现
2. 材料特性与制作工艺
3. 设计表达

材料工具

1. 瓦楞纸板或 KT 板：厚度为 5mm，用于制作容器成品
2. 铅笔、绘图纸及绘图工具：用以绘制图纸
3. 相机或手机：用以拍照记录练习过程
4. 电脑及 PS 软件：用以合成过程照片

瓦楞纸板	KT 板

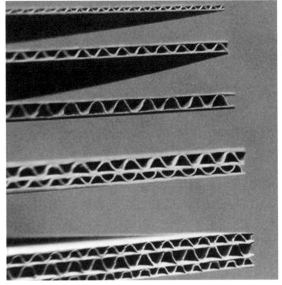 

图 1-1-9 两种材料

过程详解

1 了解材料

了解瓦楞纸板与 KT 板的各自材料特性，选择其中一种制作容器成品。（图 1-1-9）

KT 板除了同为板片材料的共性外，也具有各自的特性。

瓦楞纸板由平面型和瓦楞型的纸张错层叠加粘合而成，常用纸板的层数有三层、五层、七层等。本练习要求材料厚度为 5mm，故选择五层瓦楞纸板为宜。因内部为空间结构，瓦楞纸板具有质量轻、强度高的特性；但作为纸质材料，也存在易受潮变形的缺点。仔细观察瓦楞纸板，会发现不同方向的断面存在肌理差异，这也使得每片纸板具有方向性。因此，在接下来的层叠制作中，练习者可利用瓦楞纸板的这一特点，对容器表面的肌理效果有所设计。

KT 板是一种由聚苯乙烯颗粒经过发泡生成板芯，再经表面覆膜压合而成的板材，厚度一般在 5mm 左右。KT 板具有一定的弹性和强度，且易切割。在层叠制作中，可选择保留或揭去 KT 板的表面覆膜。如保留覆膜，则容器的层叠感较强；如揭去覆膜，则容器的整体感较强。

在了解材料特性的基础上，结合往届学生作业案例，练习者可自行选择两种材料之一，进行容器制作。

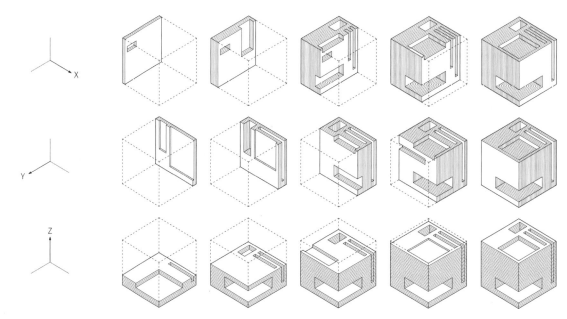

图 1-1-10 三个维度方向的层叠

过程详解

2 制作成品

采用层叠的工艺制作成品，结合设计确定层叠的方向。如有必要，可对设计作进一步调整。（图 1-1-10）

　　制作时，层叠方向可以有三种选择，即：水平面层叠和两个方向的垂直面层叠，分别对应三维坐标体系中的 X 轴、Y 轴和 Z 轴。从理论上而言，三种选择没有本质区别，但落实到具体设计，同时考虑材料和手工的影响，就可能产生较大程度的差别。从制作效率来看，同一个设计，因层叠方向不同，板片样式的数量会有差别。一般来说，板片样式越少，制作速度越快，也越不容易出错。具体到一片板的裁切，因开口形状、数量和部位的不同，制作上也会有难易的差别。同时，还应尽可能避免过细或过小的局部。综合考量上述因素，再结合牢固性和整体性的要求，就可以对层叠方向做出相对最优的选择。

　　在制作过程中，练习者还会进一步理解模数的意义。事实上，前述设计阶段的模数控制，很大程度上是由后续制作阶段所采用的材料和工艺所决定的。当然，实际材料的厚度往往无法达到精确的 5mm，经 32 层叠加后的误差会更加明显。此时，为了满足总厚度 160mm 的要求，练习者需要考虑在某些位置增加或减少若干板片，这就会涉及对此前设计的调整。

轴测图

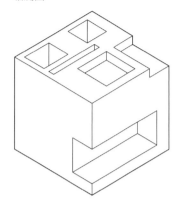

各向视图

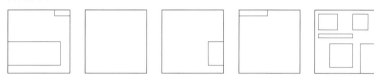

剖轴测图

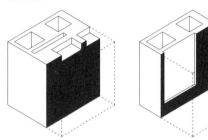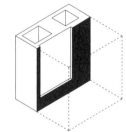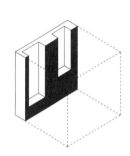

图 1-1-11 图纸表达

过程详解

3 设计表达

绘制图纸，包括各向视图、剖轴测图和轴测图；拍摄最终成品和阶段成果照片，用 PS 软件调整合成后打印。（图 1-1-11）

　　除容器成品外，练习成果还包括两张 A3 图纸，其中一张为铅笔工具手绘图，另一张为照片合成打印图。

　　根据专业培养方案，《建筑制图》课程与本课程同步进行，故在练习中有意识地结合该课程的教学进度，强化制图知识和技法在设计课程中的同步实践应用，如各向视图、轴测图的正确画法。

　　此外，还要求绘制三个剖轴测图，其作用除了记录容器成品的制作过程，更重要的是，可以让练习者对建筑设计图纸中常用的平面图、剖面图的概念与原理有直观的认识，为后续练习中的图纸表达打下基础。

　　除了准确性，对线条质量考究、交接部分到位、整体布局均衡等方面的要求也在潜移默化中培养练习者对图纸美感的追求。

　　打印图纸中包括四张照片。其中，左侧三张小图至上而下呈现练习过程，分别为六个卡纸板盒子、置入盒子的框架以及未收纳物品的容器；右侧大图为收纳物品后的容器。这一系列反映从设计到制作各个阶段成果的照片，对观看者而言是完整的展示，对练习者而言则是清晰的回顾。

作业示例

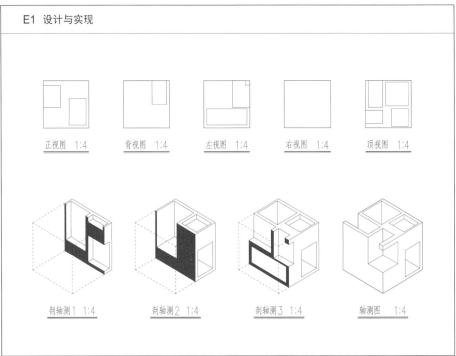

E1 设计与实现

正视图 1:4　　背视图 1:4　　左视图 1:4　　右视图 1:4　　顶视图 1:4

剖轴测1 1:4　　剖轴测2 1:4　　剖轴测3 1:4　　轴测图 1:4

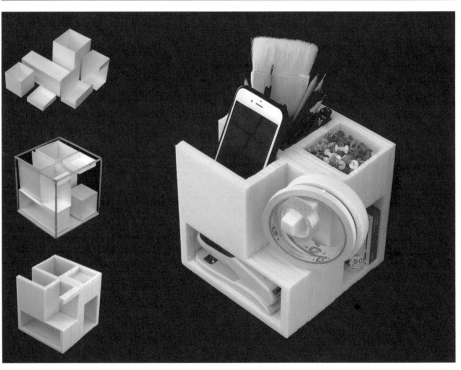

芦凯婷 2018 级

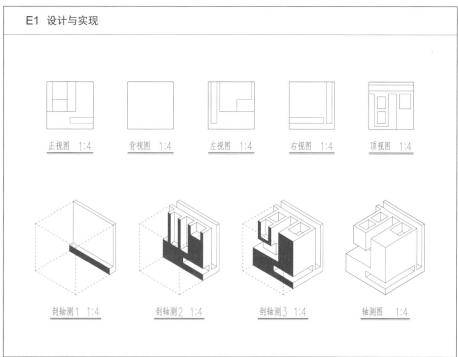

E1 设计与实现

正视图 1:4　　背视图 1:4　　左视图 1:4　　右视图 1:4　　顶视图 1:4

剖轴测1 1:4　　剖轴测2 1:4　　剖轴测3 1:4　　轴测图 1:4

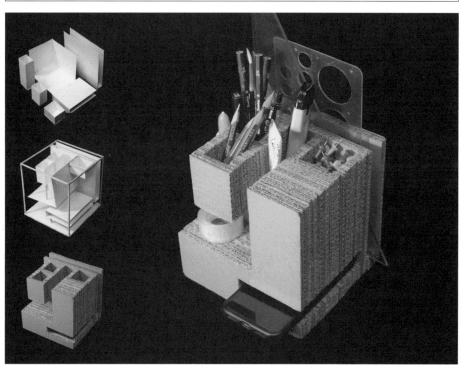

金晨晰 2018 级

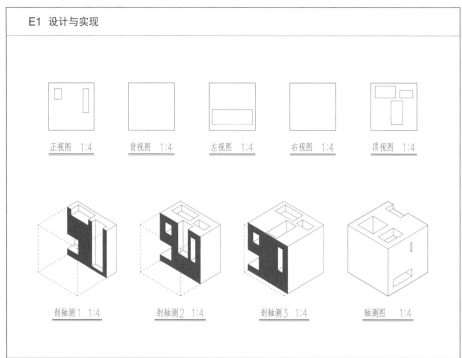

E1 设计与实现

正视图 1:4　　背视图 1:4　　左视图 1:4　　右视图 1:4　　顶视图 1:4

剖轴测1 1:4　　剖轴测2 1:4　　剖轴测3 1:4　　轴测图 1:4

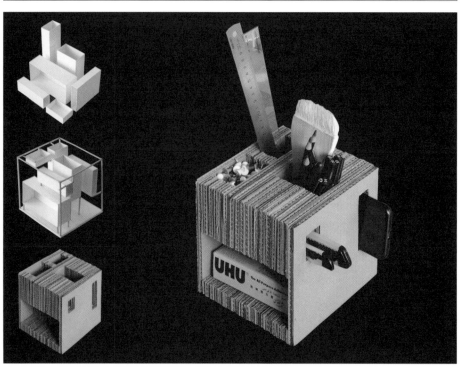

林俊松 2019 级

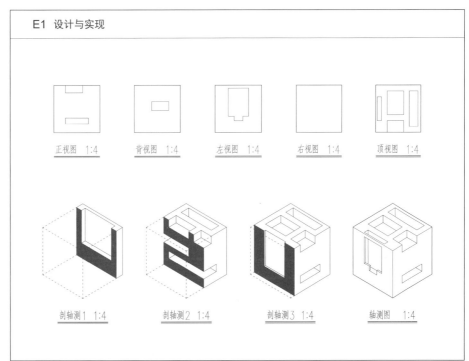

E1 设计与实现

正视图 1:4　　背视图 1:4　　左视图 1:4　　右视图 1:4　　顶视图 1:4

剖轴测1 1:4　　剖轴测2 1:4　　剖轴测3 1:4　　轴测图 1:4

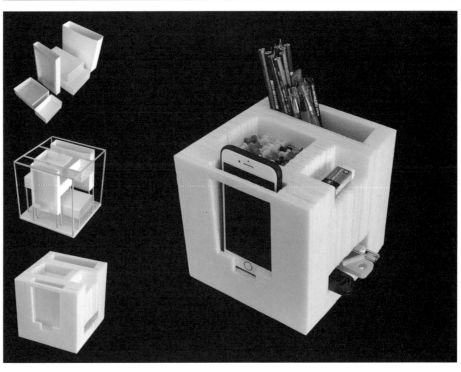

陈子宜 2019 级

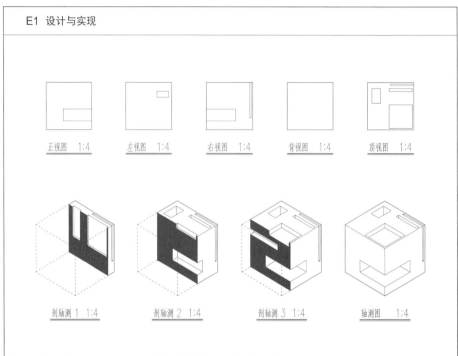

E1 设计与实现

正视图　1:4　　左视图　1:4　　右视图　1:4　　背视图　1:4　　顶视图　1:4

剖轴测 1　1:4　　剖轴测 2　1:4　　剖轴测 3　1:4　　轴测图　1:4

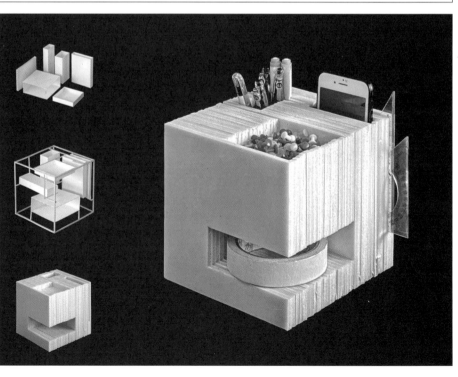

徐欣航 2020 级

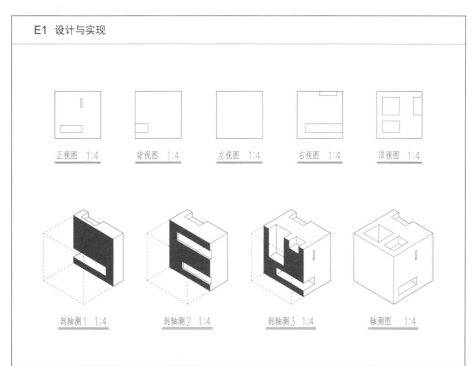

E1 设计与实现

正视图 1:4   背视图 1:4   左视图 1:4   右视图 1:4   项视图 1:4

剖轴测1 1:4   剖轴测2 1:4   剖轴测3 1:4   轴测图 1:4

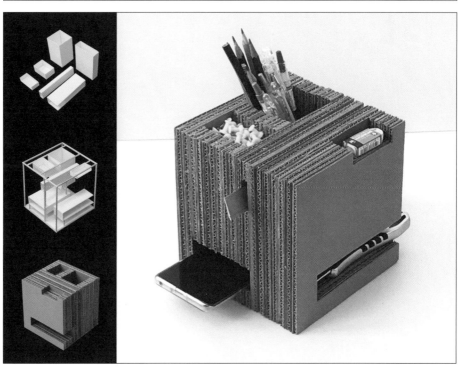

潘雨嫣 2020 级

032

课题 1-2

实体与空间

课题概述

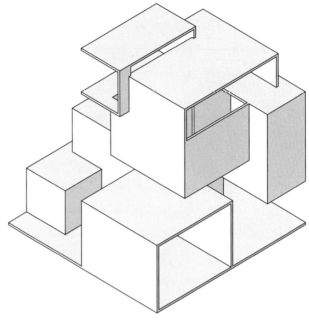

图 1-2-1 实体与空间

教学任务

在规定尺寸的三维空间边界内，根据练习要求进行实体体块的积聚构成，初步体会立体构成的形式法则；进一步探讨从实体到空间的转化，通过操作与观察，初步理解单个空间的限定方式以及通过空间路径组织多个空间的方法。（图 1-2-1）

教学要点

1. 实体的积聚构成
2. 实体的空间转化
3. 空间的限定与组织

教学周期

3.5 周，28 课时

教学安排

第 03 周

第 1 次课（4 课时）
课内：讲述课；实体构成初步尝试；小组讨论初步方案。
课后：完成两个实体构成初稿草模。

第 2 次课（4 课时）
课内：小组讨论比较两个实体构成方案后确定一个深入。
课后：完成实体构成方案。

第 04 周

第 1 次课（4 课时）
课内：构思并尝试实体构成的空间转化。
课后：制作两个空间转化初稿草模。

第 2 次课（4 课时）
课内：比较两个空间转化方案后确定一个深入，研究空间路径。
课后：完成空间转化方案，绘制空间路径草图。

第 05 周

第 1 次课（4 课时）
课内：选择空间节点进行推敲。
课后：制作节点模型。

第 2 次课（4 课时）
课内：小组讨论节点模型和空间路径草图；调整完善空间转化方案。
课后：制作正模；绘制正图。

第 06 周

第 1 次课（4 课时）
课内：制作正模；绘制正图。
课后：完成练习成果。（图 1-2-2）

体块切分

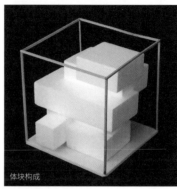

体块构成

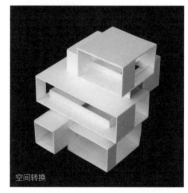

空间转换

内部空间

图 1-2-2 课题 1-2 过程模型照片

背景知识

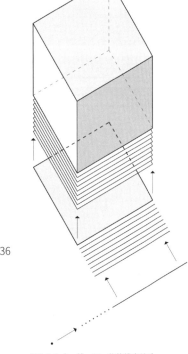

图 1-2-3 点、线、面、体的维度关系

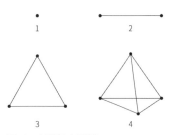

图 1-2-4 自然数与空间等级

1 Edited by Jurg Spiller, Translated by Ralph Manheim. *Paul Klee Notebooks, Volume 1, The Thinking Eye* [M]. Percy Lund, Humphries & Co., Ltd, London, 1961: 24.

2 （美）程大锦著, 刘丛红译. 建筑: 形式、空间和秩序（第二版）[M]. 天津: 天津大学出版社, 2005: 36.

1 维度: 点、线、面、体

不同的学科领域, 对维度有不同的理解。在数学领域, 维度指独立参数（变量）的数目; 在物理学领域, 维度是时空自由度的个数; 在哲学领域, 将人们观察、思考、表述事物的思维角度称为维度。在建筑设计中, 或者说在任何以造型为根本目的或主要目的的工作中, 我们对维度的认知与物理学比较接近, 如果将时间暂时搁置, 那么就可以聚焦在点、线、面、体这四个基本的形式要素上。

保罗·克利（Paul Klee）基于绘画, 描述了点、线、面、体的维度关系: "所有的绘画形式, 都是由处于运动状态的点开始的……点的运动……形成了线——第一个维度。如果线移动, 则形成面, 我们便得到了一个二维的要素。在从面往空间的运动中, 面面相叠形成体（三维的）……总之, 是运动的活力, 把点变成线, 把线变成面, 把面变成了空间的维度。"[1]（图 1-2-3）

毕达哥拉斯学派则带来了另一种解释, 他们将自然数与点、线、面、体联系起来: 前四个自然数构成了一种空间等级, 1 对应于点; 2 对应于线, 两点确定线; 3 对应于面, 三点确定面; 4 对应于体, 四点确定体。（图 1-2-4）

通过比较可以发现, 保罗·克利偏向于从实体（体量）的角度来描述维度, 而毕达哥拉斯学派则通过角点和连线来确定维度, 更接近空间的概念。

2 形状与形体

汉语中关于"形"的词有很多, 如形状、形态、形体、形式、形象等等, 在不同的语境下, 这些词往往存在着多义、混用的情况。本课题中, 我们一般以形状对应二维图形, 以形体对应三维体量。

2.1 形的感知

形的感知首先和视觉相关, 是对象在视网膜中的成像。程大锦（Francis Dai-Kam Ching）认为: "形状是指一个面的典型轮廓线或一个体的表面轮廓。它是我们认知、识别以及为特殊轮廓或形分类的基本手段。若形与其存在的领域间存在一条轮廓线, 便把它从背景中分离出来。因此我们对形的感知取决于形与背景在视觉上的对比程度。"[2]

另一方面, 如果说视网膜成像（即使是选择性的）是相对客观的, 那么人对形的认知进而产生联想则是主观和个人化的。查尔斯·詹克斯（Charles Alexander Jencks）的《后现代建筑语言》中引用了希莱尔·肖肯（Hillel Schocken）所绘的题为"朗香的隐喻"的几幅图。图中，将朗香教堂的形象联想为一双祈祷的手、一只鸭子、一艘轮船，或是一种修女的帽子。

2.2 基本形

在二维几何图形中，各边相等、内角相等的正多边形是最易理解和把握的形状。正三角形、正方形、圆，以及由这三种正多边形衍生的等腰三角形、直角三角形、矩形和椭圆，因形的特性较为明显，成为造型设计中常用的基本形状。

三维形体中，与正多边形相对应的概念是正多面体。欧几里得证明了正多面体不可能多于已发现的五种，即：正四面体、正六面体、正八面体、正十二面体和正二十面体。建筑设计中常用的基本形体与几何学中的正多面体有所不同，勒·柯布西耶（Le Corbusier）在《走向新建筑》一书中赞美了这些基本形体："……立方、圆锥、球、圆柱和方锥是光线最善于显示的伟大的基本形式；它们的形象对我们来说是明确的、肯定的、毫不含糊的。因此，它们是美的形式，最美的形式。不论是小孩、野蛮人还是形而上学者，所有的人都同意这一点。这正是造型艺术的条件。"[1]

2.3 变形与复杂形

大多数建筑并非纯粹的基本形，而是在基本形基础上的变形。变形的操作方法很多，就单个形而言，较为典型的有掏挖、切削、伸缩等。掏挖是一种主要针对形内部的减法，如果掏挖掉的形也是基本形的话，就容易产生正形与负形的关系；切削是一种主要针对形外廓的减法，形的角部、边棱和表面这些关键部位被切削得越多，对原始形的感知就越弱；将形沿某一轴线方向拉伸或压缩，也是一种典型的变形操作，其效果与伸缩的程度相关。（图 1-2-5）

规则的基本形经过变形后就有可能产生不规则的复杂形，无法用简单的几何语言描述的有机形可被视为复杂形。选择基本形或是复杂形，主要由设计师根据设计意图而定，也在一定程度上被建造技术所制约。

3 形体组合：分离、邻接、穿插

建筑形式中更为多见的状态是一个以上形的组合，如果我们将这种组合状态简化到两个立方体之间的关系，就可以分为分离、邻接、穿插这三种类型来探讨。（图 1-2-6~ 图 1-2-8）

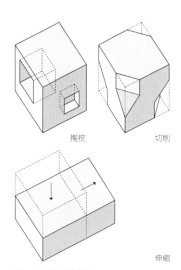

掏挖　　　　切削

伸缩

图 1-2-5 基本形的变形

037

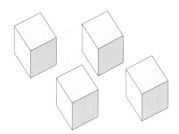

图 1-2-6 形体组合——分离

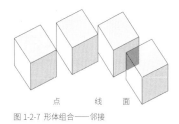

点　　　线　　　面

图 1-2-7 形体组合——邻接

1　（法）勒·柯布西耶著，陈志华译. 走向新建筑 [M]. 天津：天津科学技术出版社，1991：24.

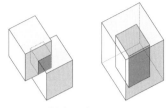
图 1-2-8 形体组合——穿插

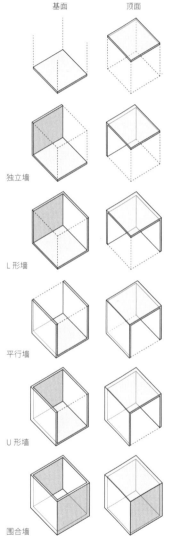
图 1-2-9 限定空间的六个界面

（标注：基面、顶面、独立墙、L形墙、平行墙、U形墙、围合墙）

3.1 分离

两个没有实质性接触、完全分离的立方体要被感知为一个整体，有赖于形体之间的张力。张力的成因除了一致的形体，还可能是相同或相近的大小、色彩、材质等视觉特征，或者是距离、角度、对位等空间关系。

3.2 邻接

两个立方体的邻接关系有三种状态，即角点的接触、边棱的接触和表面的接触。鉴于实际建造中的技术因素和使用中的功能因素，建筑中较少出现仅有角点接触或边棱接触的形体邻接组合关系。在表面接触的形体邻接中，因两个形体的大小和尺度、接触面的面积和部位等因素的不同，会产生主次、并置、融合等组合关系。

3.3 穿插

当两个立方体互相贯穿到彼此的形体中，就形成了穿插的组合关系，这也是建筑设计中形体组合的常见手法。在穿插关系中，重叠部分既可从属于原有的两个形体，又可能被感知为独立存在，从而产生"1+1 > 2"的效果。包含是穿插关系中的一种极端状态，即一个形体完全被另一个形体包裹。

4 空间界面

空间的生成可以通过对实体的掏挖来实现，也可以利用板片来进行围合与界定。我国黄土高原上的窑洞就运用了前者的手法，而后者的经典案例则是由密斯·凡·德·罗设计的巴塞罗那德国馆。

如果我们还是将空间的形态简化成立方体，那么限定空间的就是六个抽象的面。考虑到重力的影响，我们可以将这六个界面区分为水平面（基面与顶面）和垂直面两类。（图 1-2-9）

4.1 基面

在生活中，我们有这样的经验：在草坪上铺上一块垫子，一处大背景中的小空间就生成了。利用基面在色彩、明度、图案和质感上的变化，就可以简单地界定出一个空间领域。此外，如果将基面进行抬升或下沉处理，利用基面周边的垂直面对边界的进一步明确，可以在视觉上加强这一空间与周边环境之间的分离感。

4.2 顶面

作为限定空间的另一种水平要素，顶面在其与地面之间营造出一个独立的空间领域。一般来说，顶面的形状、尺寸以及与地面之间的距离决定了空间感的强弱。如果形状、大小、位置一致的顶面与基面相互配合，可以加强对空间的限定。大多数情况下，顶面需要垂直要素的支持，这些垂直要素的数量与形式会在很大程度上影响顶面所限定空间的特征。

4.3 垂直面

垂直面通过分割与围合来限定空间。根据面的数量与关系，垂直面可能的形式包括：一个面—独立墙、两个面—L 形墙和平行墙、三个面—U 形墙和四个面—围合墙。

独立墙的围合感较弱，其作用更趋向于分割空间；L 形墙会围合一个相对稳定的角部空间，并沿对角线方向逐渐开放；平行墙因敞开的两端，会赋予空间明确的方向感；U 形墙限定的空间在具有较强内向性的同时，朝向开放端有一定程度的外向性；四个面的围合墙拥有最强的限定作用，围合而成的空间具备内向、稳定的特征。

垂直面的高度也是影响空间属性的重要因素。现实中，以人的视线高度为界，当垂直面低于视线高度时，被限定的空间在一定程度上与外部环境是连续的。

除了面状的墙体，线性的杆件—柱子也是一种限定空间的垂直要素。

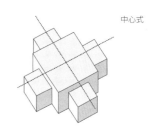

中心式

5 空间组织形式

多个空间的组织有多样的原则和方法，从形式的角度区分，包括但不限于下列几种模式（图 1-2-10）：

中心式：各个次要空间围绕居于中心的主导空间；

串联式：各个空间按线性排列，或以线性路径连接各个空间；

簇群式：将具有相同或相近形式特征的空间聚集在一起，或者以共同的相互关系来组合各个空间；

格网式：以二维或三维的格网为参照来组织各个空间。

设计中，可以选用一种或综合几种模式来组织空间。

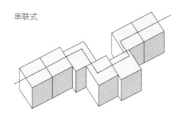

串联式

簇群式

格网式

图 1-2-10 空间组织模式

参考资料

1.《建筑：形式、空间和秩序（第二版）》
（美）程大锦著，刘丛红译 [M]. 天津：天津大学出版社，2005.
参考内容：1 基本要素；2 形式；3 形式与空间；4 组合

2.《建筑构成手法》
（日）小林克弘编著，陈志华，王小盾译 [M]. 北京：中国建筑工业出版社，2004.
参考内容：II 几何学

扩展阅读

《路易斯·I·康的空间构成》
[日] 原口秀昭著，徐苏宁，吕飞译 [M]. 北京：中国建筑工业出版社，2007.

练习 1-2.1：实体构成

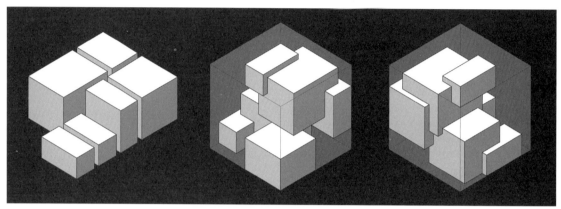

图 1-2-11 实体构成

任务书

练习任务

将规定尺寸的泡沫块分解为六个单体，在给定尺寸范围内，按要求进行立体构成。初步体会立体构成的形式法则以及如何在统一的规则要求下进行个性化和多样性的探索。（图 1-2-11）

练习要点

1. 模数与规则
2. 立体构成的形式法则

材料工具

1. 白色泡沫块：尺寸为 160mm×160mm×80mm，用于实体构成练习
2. 细木杆：截面尺寸为 3mm×3mm，用于制作框架
3. 白色 KT 板：厚度 5mm，用于制作框架底板
4. 相机或手机：用以拍照记录练习过程

三维格网

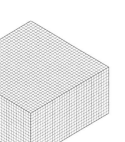

160mm×160mm×80mm
模数：5mm

切分方式

40mm×40mm×80mm×4
120mm×80mm×80mm×2

40mm×40mm×40mm×4
40mm×80mm×80mm×1
120mm×160mm×80mm×1

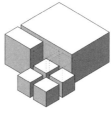

40mm×40mm×40mm×2
40mm×40mm×80mm×1
40mm×80mm×80mm×1
80mm×80mm×80mm×1
160mm×80mm×80mm×1

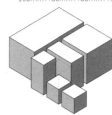

40mm×80mm×80mm×4
80mm×80mm×80mm×2

40mm×160mm×40mm×2
60mm×160mm×40mm×4

40mm×120mm×80mm×4
40mm×80mm×80mm×2

图 1-2-12 体块切分

过程详解

1 体块切分

041

以 5mm 为模数，将 160mm×160mm×80mm 的白色泡沫块切分为六个立方体或长方体单体体块，单体的边长均不得小于40mm。(图 1-2-12)

　　切分而成的单体体块各自具有在形体和大小两方面的特征。对于立方体或长方体而言，形体的特征主要是由 X、Y、Z 三个轴向长度的比例关系决定的。当三个轴向的长度趋近于 1：1：1 时，体块的形体特征就接近于立方体；而当其中一个或两个轴向长度拉长或缩短后，体块会表现出细长或扁平的形体特征。将两个在形体上有明显差异的体块放在一起，会通过比较进一步凸显各自的特征；而当两个形体特征相近但尺寸相差悬殊的体块组合在一起，也会产生统一中有对比的效果。

　　与课题 1-1 相仿，模数和最小尺寸的存在限定了练习的范围，但练习者应在规则之下尽可能地探索体块切分的可能性。练习中要求形成至少两套体块构成方案，故练习者可以有意识地以不同的思路进行体块切分。例如，可以考虑均衡，使得六个单体体块在形体特征和尺寸大小上尽可能接近；也可以强调对比，使得六个单体体块在形体特征或尺寸大小上有较大的差异；此外，还可以在六个单体体块之间的关系上形成从单体到组合再到整体的层级关系。

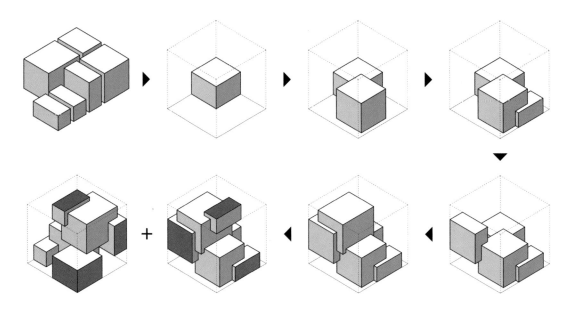

图 1-2-13 体块构成

过程详解

2 体块构成

在立方体框架范围内，利用上一练习步骤中切分而成的六个单体体块进行构成练习，推敲单体的位置及相互关系。（图 1-2-13）

以 KT 板为底板，用细木杆制作立方体框架，框架内空间的净尺寸为 160mm×160mm×160mm。框架内以 5mm 为模数，形成三维格网。练习中，要求每个单体体块的整体必须在框架范围内，且任何一条边线都必须与格网重合。

此外，要求立方体框架的每个界面都至少有一个单体体块的界面与其贴合。设置这一要求的目的是可以让练习者更多地关注构成对象与边界之间的关系。

体块之间的关系要求为穿插或（面的）邻接。在课题 1-1 中体验体块 / 空间的分离关系后，本课题的练习中将进一步体验穿插和邻接这两种体块 / 空间的组合形式。同时，进一步的要求是，整体构成中至少要有一处节点是由三个单体体块产生穿插或邻接关系。

应该说，相较于分离，邻接和穿插是更为复杂的组合模式。尤其是当实体转化为空间后，空间之间的关系将取代单个空间的特征成为更被关注的设计问题。空间之间的邻接和穿插，不但将关系表达得更为直接，并且往往会在原有空间之外诞生新的空间。

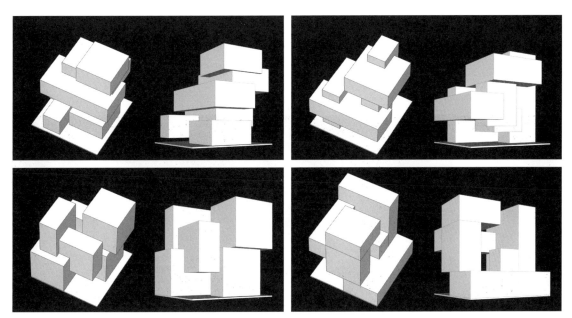

图 1-2-14 多方案观察比较

过程详解

3 观察比较

重复两次上述操作，形成两个方案。两个方案要求在体块切分和立体构成方面具有较大差异性。最后选择一个方案进行下一阶段练习。（图 1-2-14）

在设计形成与调整的过程中，应注意及时拍照或以草图记录阶段成果，以便于过后的回溯与反思。

拍照记录时，要注意从俯视和平视两个视角观察对象。在练习过程中，练习者往往是以俯视的方式关注模型，但单一的视角无法全面地感知设计，需要练习者能经常拿起模型，以平视的方式来观察设计。事实上，这种平视的视角也更接近于我们在现实中感知建筑（包括形体和空间）的正常方式。

操作与观察是设计基础课程中不断被强调的两种学习方法，练习者既要勤于动手，又要善于思考，正是在操作—观察—再操作—再观察的循环中，对设计的理解不断得以加深。

仔细地观察两个方案，分析两者之间的异同以及造成这些异同的原因。经过小组讨论后，练习者结合他人评价和自我判断选择其中一个方案作为后续练习的基础。能否以简明、清晰的语言来描述设计，可作为选择的标准之一。

练习 1-2.2：空间组织

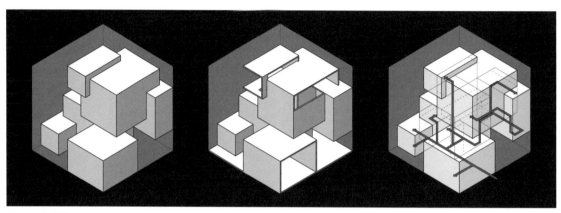

图 1-2-15 空间组织

任务书

练习任务

将上一阶段练习中的实体转化为空间，并对界面进行操作，初步理解空间的限定方式。进一步探讨如何通过空间路径将空间组织起来。通过制作放大的局部节点模型，更深入观察并体验空间。（图 1-2-15）

练习要点

1. 空间的界定与打开
2. 空间的组织与路径

材料工具

1. 白色卡纸或 PVC 模型板：厚度为 2mm，用于制作模型
2. 铅笔、绘图纸及绘图工具：用以绘制图纸
3. 相机或手机：用以拍照记录练习过程
4. 电脑及 PS 软件：用以合成过程照片

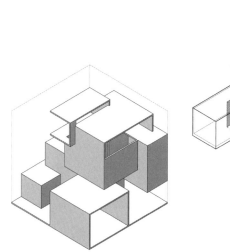

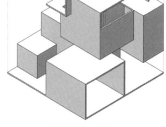

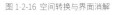

图 1-2-16 空间转换与界面消解

过程详解

1 空间转换

首先将选定的实体模型转换为空间模型，即将每个实体体块转换为由六个界面围合而成的空间。接下来，对空间的围合界面进行部分消解，以达到组织空间的目的。（图 1-2-16）

如果说实体构成中关注的是形体关系，是从外部来推敲设计，那么空间组织则更多地是从内部来审视设计。

对空间进行组织，需要我们消解部分围合界面，以便于让空间之间相互连通，或是向外界打开，引入光来渲染空间特质。练习中，界面消解的规则如下：

可以整面消解，即完整地打开空间的一个或几个围合界面；

可以消解因体块邻接或穿插后产生边界的局部界面；

可以消解在对应关系下有投射边界的局部界面。

对界面消解设置规则，看起来限制了设计的自由，但本质上是希望避免练习者过多关注在面上开洞的形式问题。

对于初学者而言，本步骤的练习可以从单个空间开始，通过对界面操作的尝试，观察空间在开放度、方向性等方面的变化；接下来，关注两个或多个空间之间的关系，是连通、融合还是分隔；最后，聚焦整体，研究六个空间单元以何种模式组合在一起。

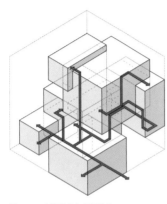

图 1-2-17 空间路径与空间节点

过程详解

2 路径节点

结合界面消解，设定连贯的空间路径以联系各个空间单元。选取空间关系最为复杂的局部制作节点模型，仔细观察并进行推敲。（图 1-2-17）

上一阶段练习中对体块组合方式必须是邻接或穿插的规定使得在本阶段练习中要求形成连贯的空间路径成为可能。路径设定与界面消解相互关联，需统一考虑。练习过程中要特别注意空间单元独立性与空间系统连贯性之间的平衡关系。

本阶段的练习中，要求在同一个实体构成模型的基础上完成两个空间组织的初步方案，两个方案应在空间特征、路径设定和组织模式上具有明显的差异性。经过评判，选择组织逻辑更为清晰的方案作为最终方案。

在最终方案中选取空间关系最为复杂的局部（一般为上一阶段练习中要求的三个单体体块产生穿插或邻接关系的部位）按原比例放大两倍制作节点模型。通过放大的节点模型可以更好地观察体验空间，并进一步调整完善设计。

利用节点模型拍摄内部空间照片。拍摄时应选择平视的视角以增强现场感，注意控制光影以强化空间特质，并可在模型中放入纸片人以形成空间的尺度感。

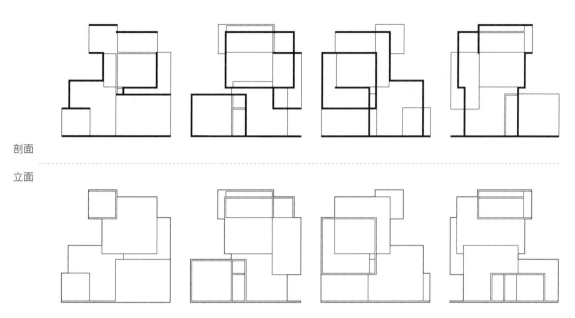

剖面

立面

图 1-2-18 剖面图与立面图

过程详解

3 成果要求

绘制图纸，包括空间路径轴测图、立面图和剖面图；拍摄阶段模型和最终模型照片，用 PS 软件调整排版后打印。（图 1-2-18）

　　除模型外，练习成果还包括两张 A3 图纸，其中一张为铅笔工具手绘图，另一张为照片合成打印图。

　　与课题 1-1 相比，本课题对练习者的制图技能提出了更高要求。在空间路径轴测图中，首先以等轴测的形式，通过线条的粗细和虚实变化，表达各个空间之间的组织关系，然后绘制连接各个空间的水平和垂直路径，空间路径可以用较为鲜明的色彩，以达到更为清晰强烈的表现效果。绘制立面图时，需特别注意正确表达板片的厚度与位置。以实体体块的边线为轴线和层高线，垂直板片的正确位置是将轴线作为中线，水平板片则将上沿与层高线对齐。挑选最能反映空间关系和变化的位置进行剖切，绘制剖面图。图中用涂黑的方式表达被剖切的部分，以细实线表达可见部分。

　　打印图包括四张模型照片。其中，左侧三张小图至上而下呈现练习过程，分别为六个切分后的体块、实体构成模型和空间组织模型；右侧大图为表达节点空间的模型内部照片。

作业示例

E2 实体与空间

空间路径 1:2

正视图 1:4　　　　背视图 1:4

左视图 1:4　　　　右视图 1:4

剖面图 1 1:4　　　剖面图 2 1:4

张路漫 2018 级

E2 实体与空间

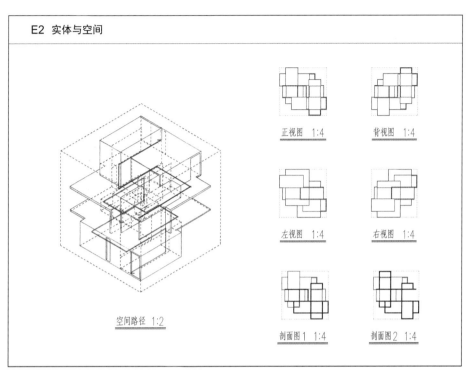

空间路径 1:2

正视图 1:4　　　背视图 1:4

左视图 1:4　　　右视图 1:4

剖面图1 1:4　　剖面图2 1:4

余文昊 2018 级

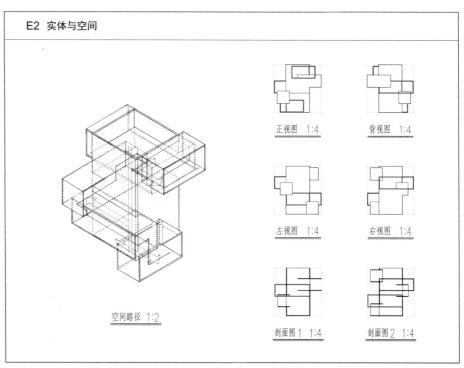

E2 实体与空间

空间路径 1:2

正视图 1:4　　背视图 1:4

左视图 1:4　　右视图 1:4

剖面图1 1:4　　剖面图2 1:4

程依琦 2019 级

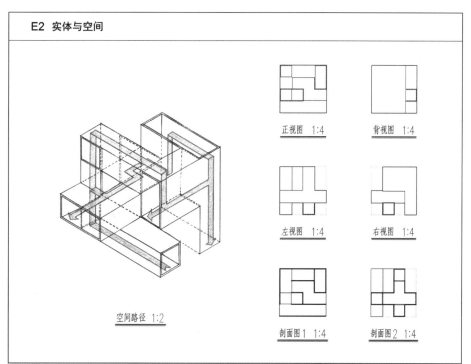

E2 实体与空间

正视图 1:4　　　背视图 1:4

左视图 1:4　　　右视图 1:4

剖面图1 1:4　　　剖面图2 1:4

空间路径 1:2

翁冯韬 2019 级

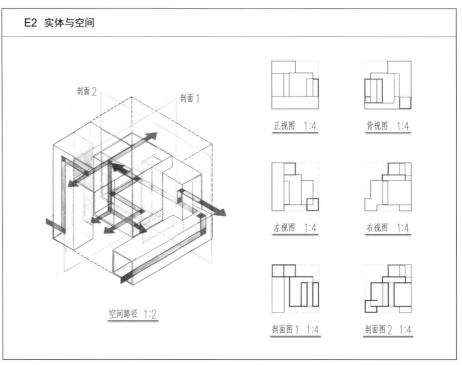

E2 实体与空间

剖面 2　　剖面 1

空间路径　1:2

正视图　1:4　　　　背视图　1:4

左视图　1:4　　　　右视图　1:4

剖面图 1　1:4　　　剖面图 2　1:4

E2 实体与空间

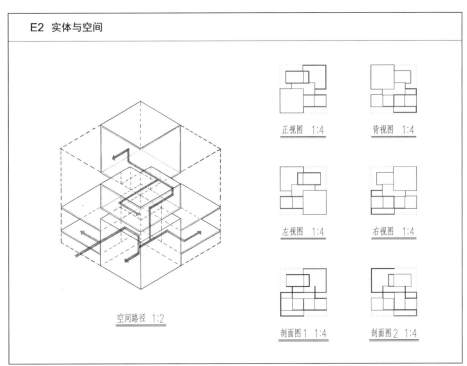

空间路径 1:2

正视图 1:4 背视图 1:4

左视图 1:4 右视图 1:4

剖面图1 1:4 剖面图2 1:4

徐诗琪 2020 级

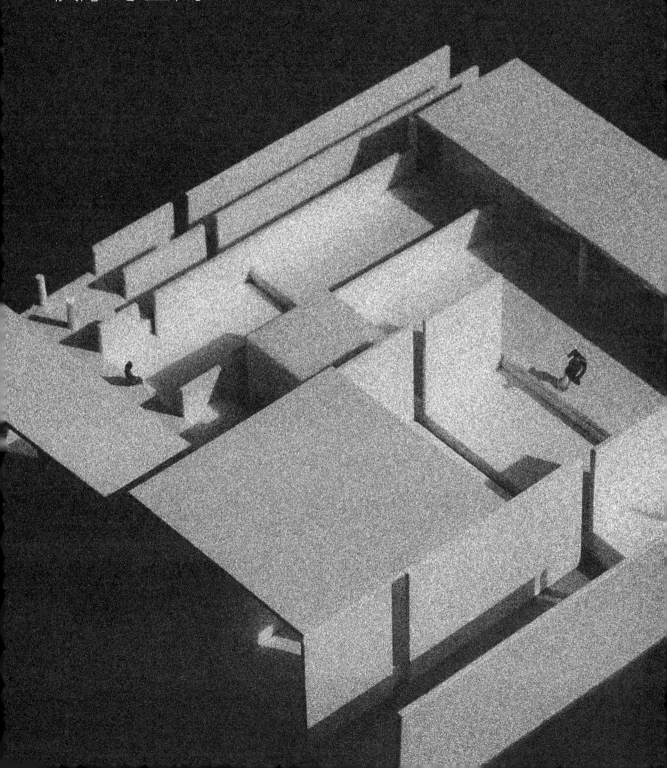

課題 1-3

秩序与空间

课题概述

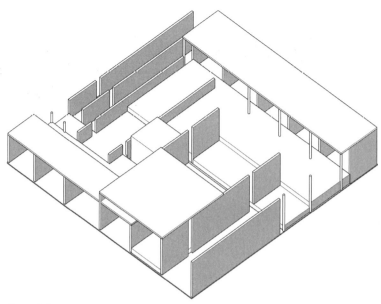

图 1-3-1 秩序与空间

教学任务

前两个课题探讨了实体与空间的关系，本课题和下一课题的练习研究主要以板片来组织空间的方法。在预设网格的底板上，利用垂直和水平两个向度的板片限定、组织空间。尝试利用简单、基本的要素，遵循清晰的规则，形成空间系统的组织结构和逻辑秩序。通过分析，体会由透明性带来的对空间的多义性解读。（图 1-3-1）

教学要点

1. 空间系统的组织结构与逻辑秩序
2. 透明性与空间层次

教学周期

4.5 周，36 课时

教学安排

第 06 周

第 2 次课（4 课时）

课内：讲述课：空间的限定与组织；初步尝试空间限定；小组讨论。

课后：完成空间限定初稿草模。

第 07 周

第 1 次课（4 课时）

课内：小组讨论空间限定方案；调整完善；绘制分析图：图底关系图、
　　　空间体量轴测图和组织结构示意图。

课后：完成空间界定的模型与图纸。

第 2 次课（4 课时）

课内：讲述课：透明性与空间秩序；空间二维组织方案构思。

课后：形成空间二维组织方案初稿，包括草模和空间层次分析草图。

第 08 周

第 1 次课（4 课时）

课内：小组讨论空间二维组织方案；结合草图分析空间系统的组织结
　　　构关系，调整模型。

课后：完成空间二维组织模型；绘制平面图。

第 2 次课（4 课时）

课内：结合对透明性的理解，在平面图的基础上进行空间层次分析，
　　　要求多种解读，草图表达；小组讨论。

课后：选定一种解读，完成透明性分析。

第 09 周

第 1 次课（4 课时）

课内：空间三维发展方案构思；小组讨论。

课后：形成空间三维发展方案初稿，包括草模和分析草图。

第 2 次课（4 课时）

课内：小组讨论空间三维发展方案初稿；推进方案。

课后：结合透明性分析，推敲、修改方案。

第 10 周

第 1 次课

课内：小组讨论；完善空间三维发展方案。

课后：完成正模，绘制正图。

第 2 次课

课内：拍摄各阶段模型照片，绘制正图。

课后：完成作业成果。（图 1-3-2）

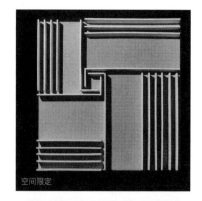

空间限定

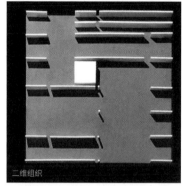

二维组织

三维发展

设计模型

图 1-3-2 课题 1-3 过程模型照片

背景知识

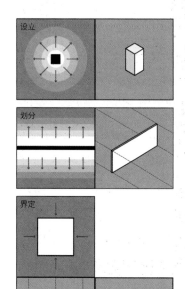

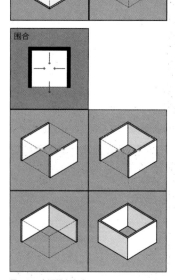

图 1-3-3 空间限定方式

1 空间的限定与组织

在哲学或物理学范畴中，空间作为一种抽象的概念，泛指物质的客观存在形式，与时间概念相对。在建筑学专业中，空间则指供人居留、活动的三维区域，需要以一定的物质手段从广义的空间中限定出来，并可被识别和利用。简单来说，建筑空间应该是可被感知并描述的。就日常经验而言，生活中的行为总是发生在一定范围的空间内，寻求自身的空间定位是人类的本能。

1.1 单一空间的限定

几何形态与轮廓边界是建筑空间最基本的要素之一。当形态与边界清晰可辨时，建筑空间趋向于"积极"；反之，当形态与边界无法识别或难以描述时，建筑空间则会变得"消极"。

建筑空间的形态与边界依赖物质要素的限定而形成，常用的限定方式包括设立、划分、界定、围合等。（图 1-3-3）

我们所称的"积极空间"通常都是通过限定得以被人感知和利用。简单地描述两类限定就是通过设定焦点产生"设立空间"、通过设置边界导致"围合空间"。

设立：在空间中设置实体，成为视觉焦点，进而在其周围形成较为消极的空间。

划分：以一个垂直界面将原来连为一体的空间分隔成两个部分。

界定：通过改变基面的表面特征，或利用抬升或下沉基面所带来的高差变化形成空间边界；以设置顶面的方式将局部空间独立出来。

围合：设置两个或两个以上方向的垂直界面，结合视知觉的"完形"心理，围合形成空间。

物质要素可能因其在形态或尺度上的变化导致对空间限定的减弱或加强；也可以其质感、肌理、色彩、明度等特征影响空间。在具体的设计中，我们可以灵活运用这些变化因子以达到特定的空间目的。

1.2 空间系统的组织

我们分析单一空间的限定方式是为了便于归纳、总结一些规律性的知识，但在现实中，由单一空间构成的建筑只占少数，一栋建筑总是包含多个空间。从更大范围来看，多个建筑构成建筑群、几个建筑群形成街区、大量街区组合成城市，这实际上是一系列由个体通过一定的方式组织形成系统的过程。

从系统论的观点来看，系统是由若干相互联系、相互作用的要素，按照一定的结构关系组成的有机整体，具有一定的外在功能和内在秩序。这个定义中包括了系统、要素、结构、功能四个概念，表明了要素与要素、要素与系统、系统与环境三方面的关系。其中，要素是指构成系统的最小单元，而一个小系统也可能是一个更大系统的要素；结构是系统内各要素在时间和空间上的耦合关系及联结方式；功能是系统与外部环境相互作用的关系，功能越复杂往往意味着系统的组织结构和层级关系也越复杂。

对于城市和建筑中的空间系统，无论是分析一个既有的系统，还是从无到有地组织一个新的系统，我们都可以从上述角度来理解和操作。

2 透明性与空间组织

柯林·罗（Colin Rowe）和罗伯特·斯拉茨基（Robert Slutzky）于20世纪50年代提出的"透明性"（Transparency）概念被认为是分析和理解现代建筑空间组织结构的有力工具。此后，伯纳德·霍伊斯里（Bernhard Hoesli）通过设计教学和设计实践证明，"透明性"概念同样可以是建筑空间设计的一种组织原则。

2.1 字面的透明性与现象的透明性

在《透明性》一文中，罗和斯拉茨基首先区分了"字面的透明性"（Literal Transparency）与"现象的透明性"（Phenomenal Transparency）。

字面的透明性

字面的透明性是我们在日常语言中用到"透明"一词时一般表达的意思，包含了物质条件和知性本能两个方面。在物质条件方面，透明性指的是物质容许光或空气透过的一种物理属性；在知性本能方面，透明性引申为一种观念，它来自我们先天的需求，希望人或事情清晰明白、容易被感知和理解，而不是闪烁其辞、遮遮掩掩的。

现象的透明性

现象的透明性包含视觉空间和文字隐喻双重含义，两者其实都是一种组织关系。

戈尔杰·凯普斯（György Kepes）在《视觉语言》中描述了视觉空间层面的透明性。例如，当看到如图 1-3-4 所示的部分重叠的两个圆时，我们知道，在同一个二维平面上，两个圆是不可能同时拥有公共部分的。此时，必须在三维上进行想象，假设两个圆分处在不同的空间深度中，同时第一个圆是透明的，二维投影图中重叠的部分在三维空间中并不重

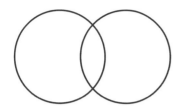
图 1-3-4 双圆困惑

图 1-3-5 拉撒拉兹，拉兹洛·莫霍利 - 纳吉，1930

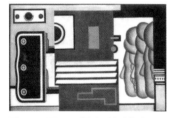
图 1-3-6 三副面孔，约瑟夫·费尔南德·亨利·莱热，1926

060

合，两个圆都保持完整。但是，如果两个圆都是透明的，它们在空间中的位置关系就变得模棱两可，我们无法得知哪个圆离我们更近或更远。视觉空间层面的透明性拓展了空间秩序，意味着对一系列空间位置的同时感知。

此外，通过词义扭曲、结构重组、语涉双关等技巧，语言文字层面的透明性也是可以实现的，这在詹姆斯·乔伊斯（James Joyce）的文学作品中大量存在。

2.2 绘画中的透明性

通过对一系列现代绘画作品的比较分析和解读，罗和斯拉茨基认为，在立体主义绘画中我们可以感知视觉空间层面的现象透明性。

例如，在拉兹洛·莫霍利 - 纳吉（László Moholy-Nagy）的《拉撒拉兹》中，各种形状、颜色的图形元素堆积在深色背景之上，意图建立一种复杂的空间结构（图 1-3-5）。然而，在罗和斯拉茨基看来，《拉撒拉兹》表现出来的仅仅是一种物理上的透明，只提供单一的解读方式，没有任何隐喻意图，因而也就是字面上的透明性。

《三幅面孔》则不同。费尔南德·莱热（Joseph Fernand Henri Léger）在画作中以三个主要的区域分别表现有机形状、抽象人造物以及纯几何形，并通过水平线条的贯穿和共同轮廓线的烘托，将三者联系起来（图 1-3-6）。莱热用平涂的不透明色来表现对象，以暧昧的图底关系来组织对象。画中的三个区域相互层叠、榫接、交替，包含或排斥对方，在一种不断变动的空间关系中，时而退后，时而前移，为人们提供了无穷无尽的解读可能。《三幅面孔》充分表现了典型的立体主义绘画中存在于主体与空间之间的构图张力，是真正的现象的透明性。

总而言之，在绘画领域"字面的透明性，与置身于自然的纵深空间中的透明物体的所谓'视错觉效应'（trompe l'oeil effects）密不可分；而当画家力求采用正面视点精准表现置身于抽象的浅空间中的事物，现象的透明性就有了用武之地。"[1]

2.3 建筑学中的透明性

当我们在建筑领域思考透明性问题时，会发现与绘画截然不同的状况，这是由于"在绘画中，三维空间只能通过间接的表达来暗示，而在建筑中，它却成了无法回避的事实。鉴于三维空间在这里是真实而不是虚拟，建筑中的字面的透明性成为客观事实……现象的透明性却更难实现"[2]。正因如此，一些评论家认为建筑学中的透明性只能依靠玻璃一类的透明材质来实现，就像格罗皮乌斯在包豪斯校舍工作坊用全玻璃幕墙所呈现的那样。

罗和斯拉茨基在柯布西耶的作品——加歇别墅中找到了建筑中产生现象透明性的证据。加歇别墅的透明性并不以玻璃为中介。以面向花园一侧的立面为例，柯布西耶用底层退进的墙面、两侧山墙的端部、屋顶平台的边缘和侧立面的一组门窗，共同暗示了建筑外表面之后一层并非

1 （美）柯林·罗，罗伯特·斯拉茨基著著，金秋野，王又佳译．透明性 [M]．北京：中国建筑工业出版社，2007：34.

2 同上：35.

真实存在，而只是存在于想象中的界面，以及这层界面与外表面之间的狭长空间。这一空间结构关系并非观者亲眼所见，而是根据"蛛丝马迹"，运用空间思维推测而得。（图 1-3-7）

伯纳德·霍伊斯里在《透明性》的"评论"中认为，柯布西耶在设计中对通高空间的偏好与坚持，如果从透明性的角度来解释，就有了新的意义。例如，在屈侯赛住宅中，"不同层高的两个分离的空间通过内庭院结合在一起，不仅是为了改善狭小空间区域的视觉效果，同时也是为了制造空间关系上的多义性"[1]。简而言之，当建筑中的两个区域灵活地分享同一处公共空间时，这就是（现象的）透明性。（图 1-3-8）

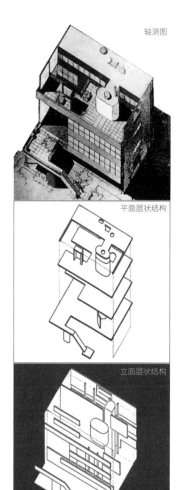

轴测图

平面层状结构

立面层状结构

图 1-3-7 法国巴黎，加歇别墅（斯坦因别墅），勒·柯布西耶，1926

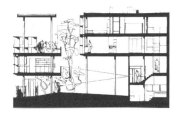

图 1-3-8 阿根廷拉普拉塔，屈侯赛住宅，勒·柯布西耶，1950

参考资料

1.《建筑：形式、空间和秩序（第二版）》
（美）程大锦著，刘丛红译 [M]. 天津：天津大学出版社，2005.
参考内容：3 形式与空间；4 组合；7 原理

2.《透明性》
（美）柯林·罗，罗伯特·斯拉茨基著，金秋野，王又佳译 [M]. 北京：中国建筑工业出版社，2007.
参考内容：全书

扩展阅读

1.《艺术·设计的平面构成》
（日）朝仓直巳著，林征，林华译 [M]. 北京：中国计划出版社，2000.

2.《设计几何学》
（美）金伯利·伊拉姆著，沈亦楠，赵志勇译 [M]. 上海：上海人民美术出版社，2018.

1 （美）柯林·罗，罗伯特·斯拉茨基著，金秋野，王又佳译. 透明性 [M]. 北京：中国建筑工业出版社，2007：72.

练习 1–3.1：空间限定

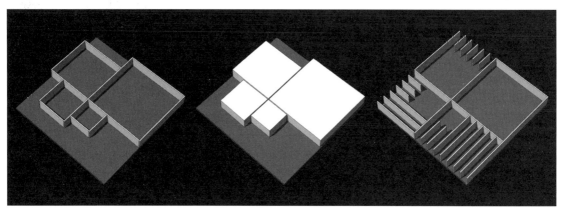

图 1-3-9 空间限定

任务书

练习任务

用统一高度、规定数量的垂直板片在预设网格的底板上限定四个矩形空间。四个空间应能被清晰感知，并通过一定的几何关系呈现组织结构。初步体会如何以板片限定空间以及如何将多个空间组合成具有明确组织结构的系列空间。（图 1-3-9）

练习要点

1. 空间的围合限定
2. 几何关系与组织结构

材料工具

1. 灰色卡纸：2mm 厚，用作底板
2. 白色 PVC 模型板：2mm 厚，用作垂直板片
3. 草图纸：用于绘制分析图
4. 相机或手机：用以拍照记录练习过程

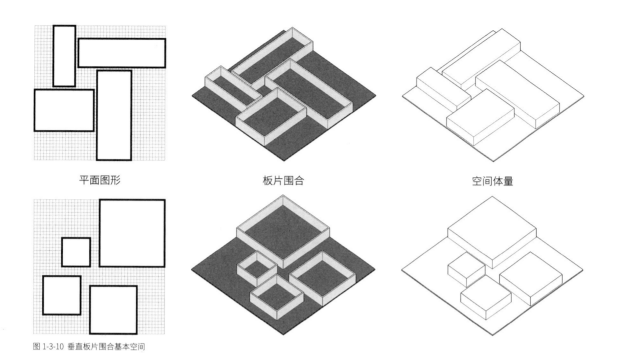

平面图形　　　　　　　　　板片围合　　　　　　　　　空间体量

图 1-3-10 垂直板片围合基本空间

过程详解

1 网格设定

在 254mm×254mm 的灰卡纸底板上,四边各退进 1mm 后绘制正交网格,网格间距为 6mm。

　　设置网格就是规定一种基本秩序。选择简单、均匀的正交网格的本意是希望排除随意性和难以评价的变化,但与此同时,网格依旧包容多样性的存在。这种多样性指的不是形状或图案,而是图形之间的关系。

2 基本空间

在底板上用 24mm 高的垂直板片围合四个矩形空间,矩形的角点必须落在网格的交点上。四个空间通过相互之间的几何关系呈现整体的组织结构关系,如:线性、中心、簇群、错动、旋转等。 (图 1-3-10)

　　需要注意的是,虽然在开始构思时,意识中的对象是平面图形,但由于每个平面矩形被垂直板片赋予了高度,所以练习中最终面对的其实是三维空间而非二维图形。

　　在网格的控制下,四个矩形在底板上构成一定的几何关系,这要求练习者从一开始就必须考虑局部与整体的平衡,包括:单个矩形的长宽比例与大小尺度、矩形之间的对位关系,以及底板边界对矩形位置与大小的制约。

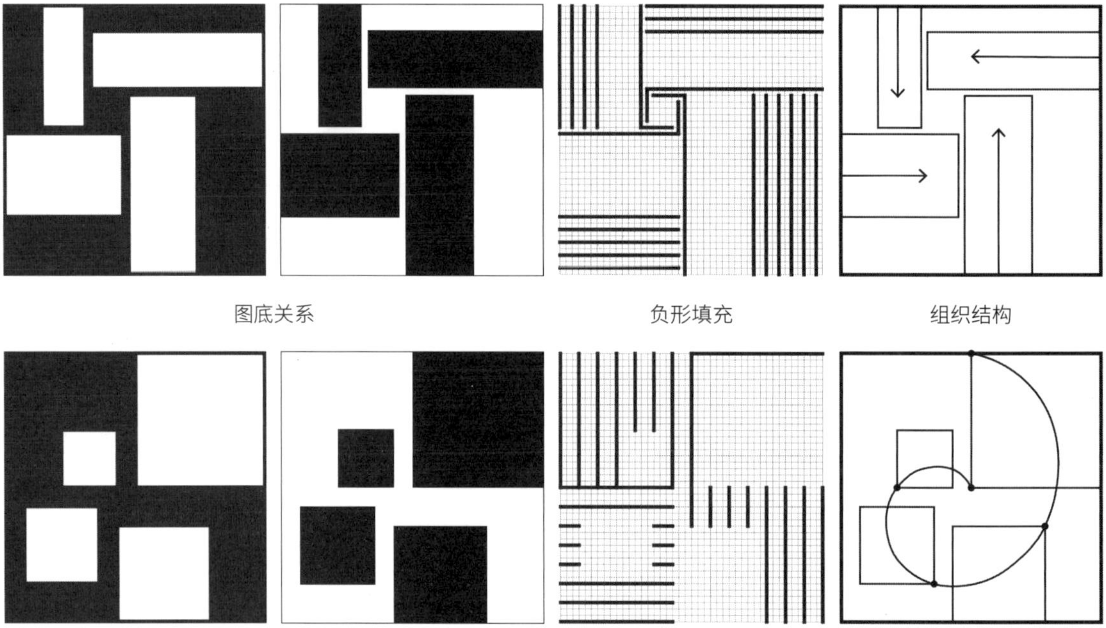

| 图底关系 | 负形填充 | 组织结构 |

图 1-3-11 负形填充与组织结构

过程详解

3 负形填充

用 24mm 高的垂直板片填充底板上除四个矩形空间外的剩余部分,即负形空间。板片应平行成组、间隔均匀,且必须落在底板的网格线或交点上。尝试利用因板片端点有规律地重复而形成的边界线取代部分原来围合矩形空间的板片边界。板片总量控制在 30 片以内,凡是独立分断的板片即算作一片。(图 1-3-11)

此阶段将练习的关注点引向负形空间,通过对"底"的操作来显现"图"。平行、均质的成组板片在对原本因连通而形状含混的负形空间进行切分的同时,可以与四个矩形空间有所呼应。当用板片的重复端点取代封闭边界时,会让原本完全独立的空间产生一定程度上的联通,从而引向对空间多义性的解读。

4 组织结构

绘制图底关系、空间体量和组织结构等分析图,分析、推敲,进而完善设计,最终形成空间限定明确、组织结构清晰的成果。(图 1-3-11)

提炼空间系统的组织结构可以让构思与概念更为清晰、直观,有助于对填充板片的取舍和调整。本阶段练习中所形成的空间组织结构关系将会延续运用到下一阶段中。

练习1-3.2：空间的二维组织

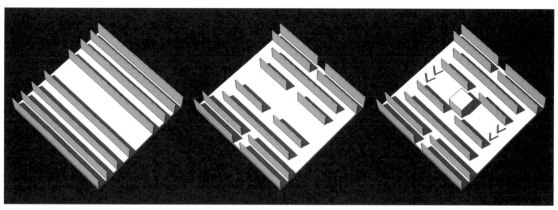

图 1-3-12 空间的二维组织

任务书

练习任务

在预设网格的底板上，使用一组平行的垂直板片和物件要素限定出一个具有层级关系的空间系统。尝试在水平展开的二维层面，通过不同形式的限定手法，形成空间的有序组织和层次变化，并初步理解空间—时间、透明性等与空间组织相关的概念。（图 1-3-12）

练习要点

1. 空间层次
2. 空间的透明性

材料工具

1. 灰色卡纸：2mm 厚，用作底板
2. 白色 PVC 模型板：2mm 厚，用作垂直板片
3. 草图纸：用于绘制分析图
4. 灰色或彩色透明塑胶片：用作空间层次的分析表达
5. 相机或手机：用以拍照记录练习过程

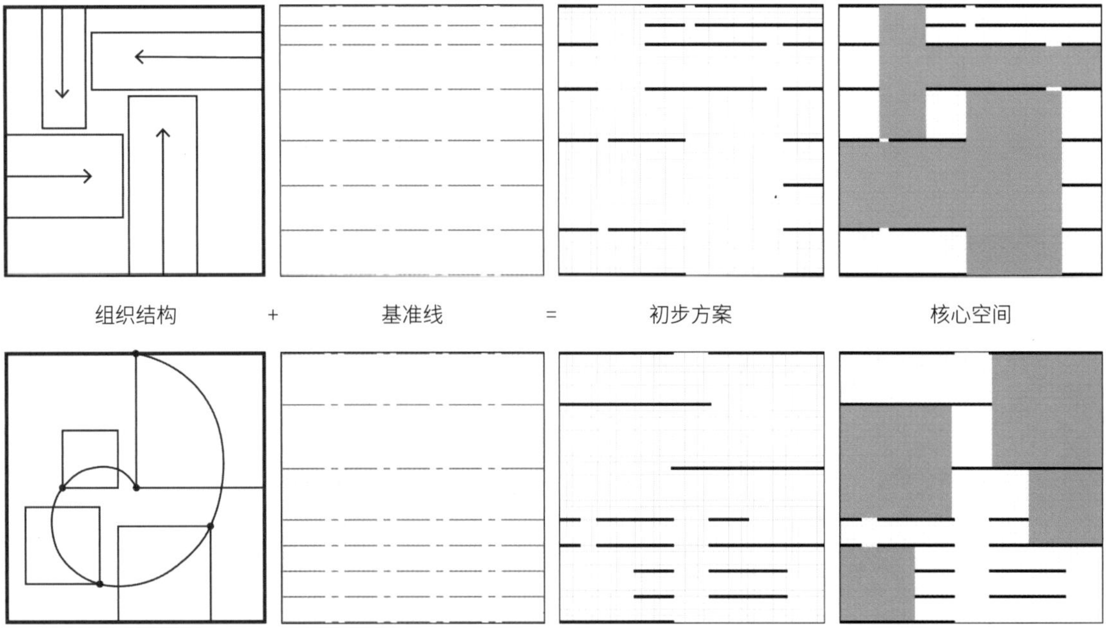

| 组织结构 | + | 基准线 | = | 初步方案 | | 核心空间 |

图 1-3-13 空间初步组织

过程详解

1 空间初步组织

在 254mm×254mm 的灰卡纸底板上，四边各退进 1mm 后绘制正交网格，网格间距为 6mm。在底板上布置一系列垂直板片，具体要求如下：

1）选择网格中同一方向的八条平行线作为布置板片的基准线，其中两条基准线必须位于底板边缘，基准线之间的间距不小于 18mm。

2）板片高度统一为 36mm；长度以 6mm 为模数，且不得小于 12mm。

3）所有板片均须落在基准线上，且板片的端头须落在网格交叉线上。

（图 1-3-13）

空间初步组织方案是在两方面控制条件的合力作用下形成的，其一是对上一阶段练习中形成的空间组织结构关系的延续；其二是八条平行的垂直板片基准线的制约。

虽然在本阶段的练习中，垂直板片必须是平行布置的，但是经过上一阶段第二个步骤的操作，练习者应该可以意识到，限定并呈现一个空间并非只有依靠完全闭合的界面才能实现，只要空间边界可以在一定程度上被感知，那么空间就能够被识别，比如由连续重复的板片端点形成的"虚线"同样可以是限定空间的边界。

因此，上一阶段练习中形成的组织结构是可以很大程度被保留并演变的。演变可以是空间形状、大小、位置的变化，也可能是空间数量、空间关系、空间层次的增加等更为复杂的改变。

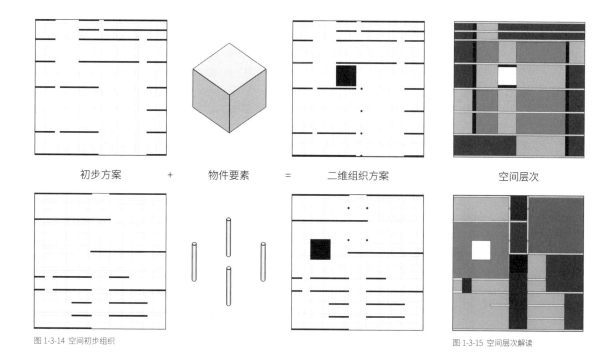

初步方案　　　　+　　　　物件要素　　　　=　　　　二维组织方案　　　　空间层次

图 1-3-14 空间初步组织

图 1-3-15 空间层次解读

过程详解

2 添加物件要素

在既有的空间系统中添加物件要素，并做相应的调整。物件要素具体包括：立方实体 ×1，边长 36mm；圆柱 ×4，直径 3mm，高度 36mm。（图1-3-14）

　　显然，新添加的物件要素在影响空间的方式上与原有的垂直板边相比，既有所区别，也有相似的一面。当立方实体与圆柱独立设置时，很容易成为视觉焦点，从而以设立的方式形成空间。与此同时，立方实体的垂直面可以作为界面参与围合空间，而圆柱可起到与板片端部相似的作用。无论如何使用立方实体与圆柱，新元素的加入总是会给既有的空间系统带来变化，需要善加利用。

3 空间层次解读

绘制平面图，并在此基础上根据"透明性"理论对空间系统进行分层次的多义性解读，并以层叠透明塑胶片的方式表达。（图1-3-15）

　　此外，由于平行板片本身强烈的方向性，再加上垂直于板片方向的空间，容易让人产生可以在空间系统内"漫游"的感觉。练习者可以通过对各个空间的观察结合对漫游过程的想象，体验加入时间要素后由空间关系、界定方式和空间路径共同作用带来的视觉效果。

练习 1-3.3：空间组织的三维发展

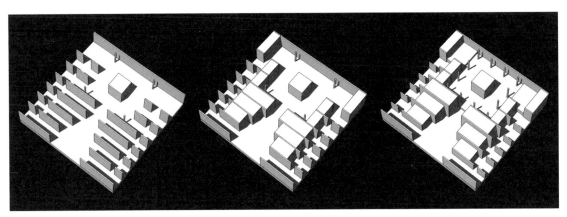

图 1-3-16 空间组织的三维发展

任务书

练习任务

在上一阶段练习成果的基础上，引入顶面和基面两个水平要素，同时结合垂直板片在高度上的变化以及物件要素在数量和尺寸上的变化，将空间组织向垂直维度延伸扩展，进一步加强空间系统的丰富性、层次感以及由此带来的多样性解读。（图 1-3-16）

练习要点

1. 顶面与基面变化对空间的影响
2. 清晰的空间组织结构与丰富的空间感受：形态、序列、层次

材料工具

1. 灰色卡纸：2mm 厚，用作底板
2. 白色 PVC 模型板：2mm 厚，用作垂直板片、顶面或者抬升的基面
3. 草图纸：用于绘制分析图
4. 灰色或彩色透明塑胶片：层叠用作表达对空间层次的解读
5. 相机或手机：用以拍照记录练习过程

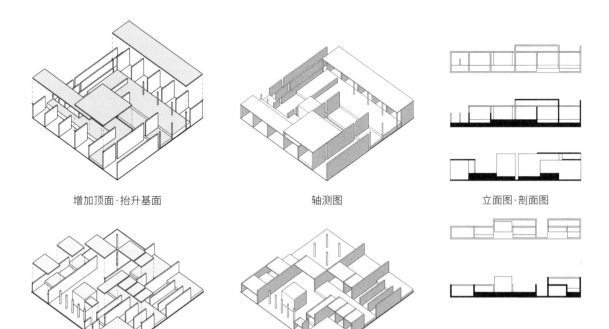

增加顶面·抬升基面   轴测图   立面图·剖面图

图 1-3-17 垂直维度上的操作

过程详解

1 空间组织在垂直维度上的发展

本阶段的练习中，可以对设计进行垂直维度上的操作，包括增加顶面、抬升基面、增高垂直板片，增加圆柱数量及增高圆柱，具体要求如下：

1）可以增加总面积不超过底板面积 30% 的水平板片，用于为空间增加顶面限定。顶面的一对平行对边必须支撑在垂直板片上，且顶面与垂直板片顶端齐平。

2）可以抬升部分空间的基面，抬升高度分 6mm 和 12mm 两级。

3）可以调整垂直板片高度，高度分 24mm、36mm 和 48mm 三档。

4）可以增加圆柱的数量。

5）可以调整圆柱的高度，高度分 24mm、36mm 和 48mm 三档。

（图 1-3-17）

    垂直维度上新变量的加入，可以令空间层次变得更为复杂、丰富，但这种变化不是随意而为，而是在原有组织结构之上的发展。

2 空间组织三维发展的解读

延续草图分析与模型调整互动的工作方法。设计基本定型后，用透明塑胶片层叠的方法表达对空间组织结构的解读。确定方案后制作设计模型，并绘制平面图、立面图和剖面图。

作业示例

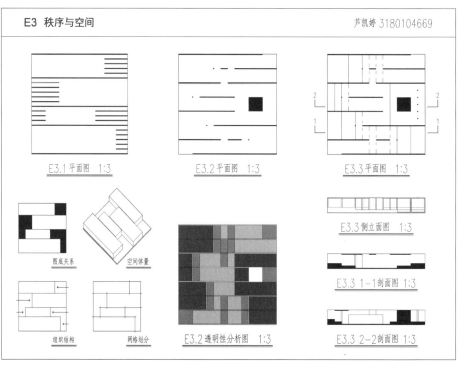

E3 秩序与空间   芦凯婷 3180104669

E3.1 平面图 1:3   E3.2 平面图 1:3   E3.3 平面图 1:3

图底关系   空间体量   E3.3 侧立面图 1:3

组织结构   网格划分   E3.2 透明性分析图 1:3   E3.3 1-1 剖面图 1:3

E3.3 2-2 剖面图 1:3

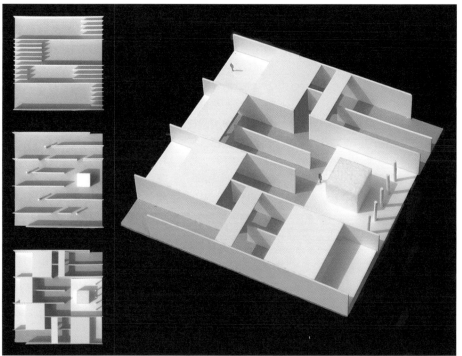

芦凯婷 2018 级

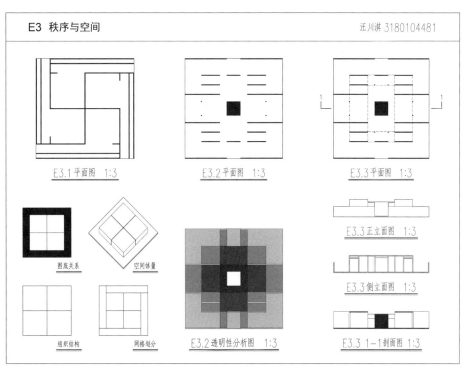

E3 秩序与空间　　　　　　　　　　　　　　　　　汪川淇 3180104481

E3.1平面图　1:3　　　　E3.2平面图　1:3　　　　E3.3平面图　1:3

图底关系　　　空间体量　　　　　　　　　　　　　　　E3.3正立面图　1:3

组织结构　　　网格划分　　　E3.2透明性分析图　1:3　　E3.3侧立面图　1:3

E3.3 1-1剖面图　1:3

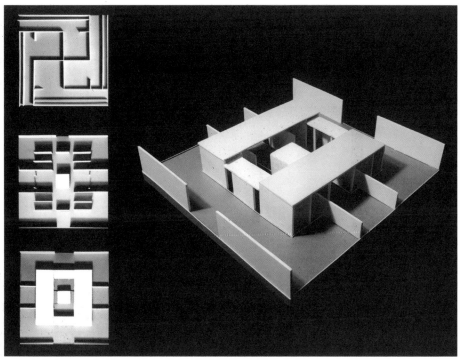

汪川淇 2018级

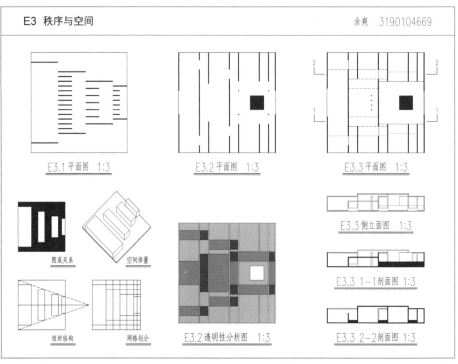

E3 秩序与空间　　　余爽　3190104669

E3.1 平面图　1:3　　　　E3.2 平面图　1:3　　　　E3.3 平面图　1:3

图底关系　　　空间体量　　　　　　　　　　　　　E3.3 侧立面图　1:3

组织结构　　　网格划分　　　E3.2 透明性分析图　1:3　　E3.3 1-1 剖面图　1:3

E3.3 2-2 剖面图　1:3

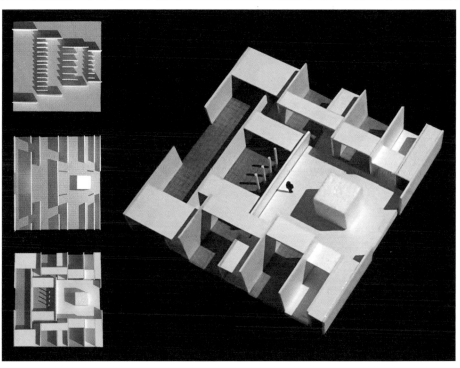

余爽 2019 级

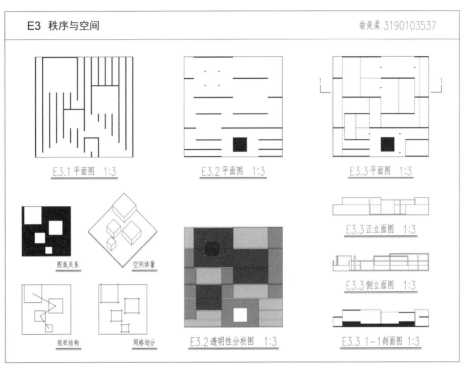

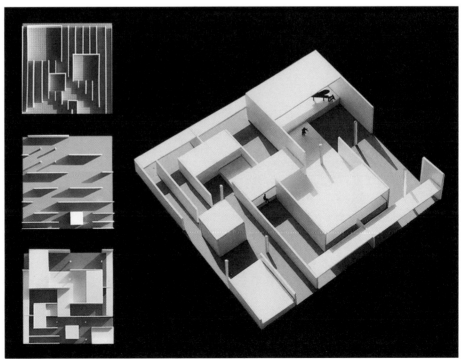

翁奕柔 2019 级

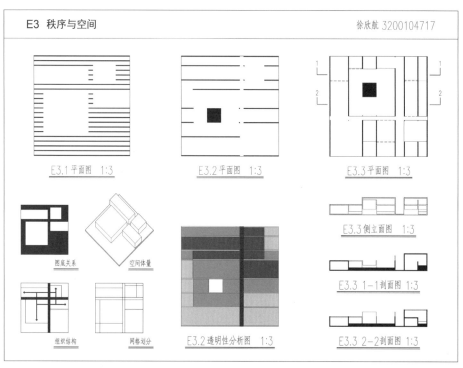

E3 秩序与空间 　　　　　　　　　　　　　　　　　徐欣航 3200104717

E3.1平面图　1:3　　　　　E3.2平面图　1:3　　　　　E3.3平面图　1:3

E3.3侧立面图　1:3

图底关系　　　　空间体量

E3.3 1-1剖面图　1:3

组织结构　　　　网格划分　　　　E3.2透明性分析图　1:3　　　E3.3 2-2剖面图　1:3

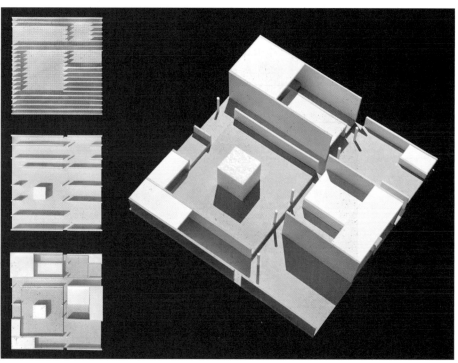

徐欣航 2020 级

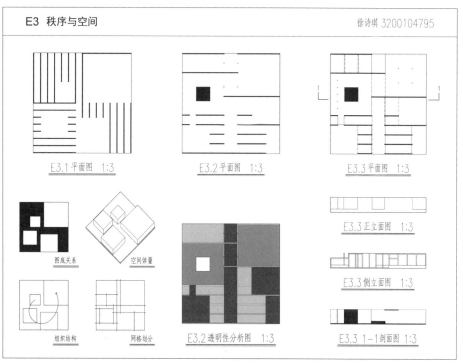

E3.1平面图　1:3

E3.2平面图　1:3

E3.3平面图　1:3

图底关系

空间体量

E3.3 正立面图　1:3

组织结构

网格划分

E3.2 透明性分析图　1:3

E3.3 侧立面图　1:3

E3.3 1-1剖面图　1:3

075

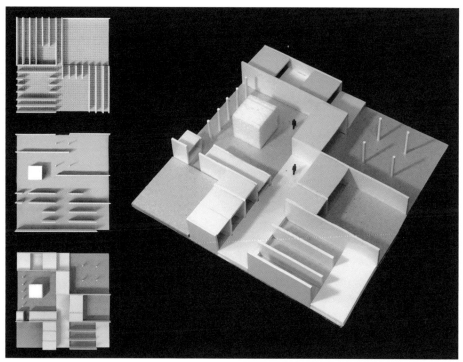

徐诗琪 2020 级

课题概述

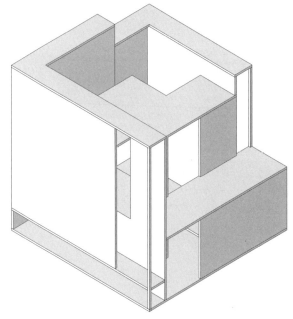

图 1-4-1 图形与空间

教学任务

本课题包含两个练习阶段。首先，从二维图形出发，遵循一定的规则，形成"图底两可"的图形，并对图和底进行多种解读。接着，通过将平面图形层叠、支撑、调整高度、界面围合等一系列操作，形成一个在高度方向上富有变化的整体空间，进而观察分析生成逻辑与空间特征之间的内在联系。（图 1-4-1）

教学要点

1. 图底关系
2. 层叠空间

教学周期

4.0 周，32 课时

教学安排

第 11 周

第 1 次课（4 课时）
课内：讲述课；尝试一种板片切割方式，形成一个拼图方案；小组讨论。
课后：完成两种板片切割方式，形成四个拼图方案。

第 2 次课（4 课时）
课内：小组讨论四个拼图方案；选择其中一个，分别对图和底进行分
　　　析和重新解读，结合解读制作体块模型；小组讨论体块模型。
课后：完成对图和底的三种解读，并制作三个相应的体块模型。

第 12 周

第 1 次课（4 课时）
课内：小组讨论三种解读方案，并将三个图形进行高度上的叠加，观
　　　察并分析平面叠加后产生的空间；课堂小组讨论。
课后：完成两个平面层叠模型。

第 2 次课（4 课时）
课内：小组讨论平面层叠模型；选择其中一个层叠模型，对部分平面
　　　进行高度上的操作变化；小组讨论。
课后：完成两个有部分平面高度变化的平面层叠模型。

第 13 周

第 1 次课（4 课时）
课内：小组讨论平面层叠模型；选择其中一个模型，尝试对其中的空
　　　间进行垂直界面的限定；小组讨论。
课后：制作两个不同的垂直界面围合模型。

第 2 次课（4 课时）
课内：小组讨论垂直界面围合模型；选择一个方案进行完善。
课后：调整完善方案。

第 14 周

第 1 次课（4 课时）
课内：小组讨论调整完善后的方案；布置绘图要求。
课后：完成正模，绘制图纸。

第 2 次课（4 课时）
课内：拍摄各阶段模型照片，绘制图纸。
课后：完成作业成果。（图 1-4-2）

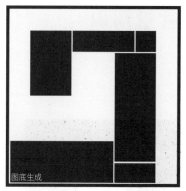

图底生成

平面层叠

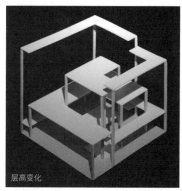

层高变化

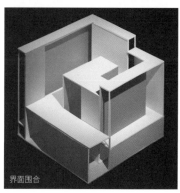

界面围合

图 1-4-2 课题 1-4 过程模型照片

背景知识

图 1-4-3 鲁宾花瓶

1 图底关系

图底关系是研究形态视觉结构中"图形"与"背景"的理论。它以知觉的选择为基础。一般认为，人们在观赏形体环境时，被选中的事物就是知觉的对象即"图"，而被模糊的对象就是选中对象的背景即"底"。通常拥有闭合轮廓线的形态，比较容易获得"图"的概念。

图 1-4-3 为著名的《鲁宾花瓶》（Rubin vase），当人的视点在黑色和白色两种图形中切换时，会有人脸和花瓶两种不同图形的感知。这种因视点的改变而发生的图形意义的变化，便被称为图底（地）反转或双重意向（double image）。图与底的互换强调了组成整体的各元素的同等重要性，元素本身的特性以及元素之间的关系变得多义而有趣。

2 从城市层面看图底关系

城市层面的图底关系是罗杰·特兰西克（Roger Trancik）在《寻找失落空间——城市设计的理论》中提到的重要理论。特兰西克将研究形态视觉结构的图底关系理论应用于城市设计领域，用来研究城市空间与实体之间的规律。

2.1 实体"图"与虚体"底"

在城市层面，特兰西克对图底关系理论的定义是："基于建筑体量为实体'图'，开敞空间为虚体'底'所占用地比例关系的研究。……该理论是用来描绘虚实关系的图形工具，是明确城市空间结构和秩序的平面视图的二维抽象。"[1]"图底关系理论的核心是基于对城市建筑实体与空间虚体的控制和组织。"[2]特兰西克认为，只有让建筑实体和空间虚体保持有效的共存，城市空间才更为积极，城市结构才能成功发挥作用；如果打破实体和虚体之间的平衡，局部地段便会产生失落空间。

将建筑实体描述为"图"，是因为它具有明确的形式和轮廓，是闭合图形，拥有强烈的实体感。若干个具有图形特征的建筑实体对它们之间的外部空间进行界定，那么外部空间也可能成为被感知的图。根据格式塔心理学理论，具有围合倾向的"内向法则"容易形成"图形"的特征。外部空间能被清晰感知的前提是它周围的建筑实体有一定的连续性。建筑实体与外部空间相互作用，共同形成城市、场所的秩序和印象。

建筑实体和外部空间的构成方式往往揭示了城市架构、肌理特征以及不同等级空间的组织秩序等。通过比较不同时间段内建筑实体和外部空间之间关系的变化，还可以分析城市建设的变迁和发展趋势。

1 （美）罗杰·特兰西克著，朱子瑜等译. 寻找失落空间——城市设计的理论 [M]. 北京：中国建筑工业出版社，2008：97.

2 同上：106.

2.2 诺利地图

詹巴蒂斯塔·诺利（Giambattista Nolli）于1748年绘制的"新罗马地图"一般被称为"诺利地图"，它采用图底关系的方式来表达城市形态（图1-4-4）。当然，诺利地图中不只是简单地区分建筑实体与外部空间，而是进一步表达了公共与私有的关系。它把私有的建筑空间作为"图"，涂黑表示；公共空间作为"底"，留白表示。图中的公共空间不仅包括各类室外的城市开放空间，还包括市民可以自由出入的公共建筑（如教堂等）的内部空间。诺利地图的图底关系体现了对罗马这座城市的传统结构、肌理与公共空间特征的认识，而这种表达城市结构的方式，使原先作为底的城市开放空间也成为积极的主体，呈现出清晰的图形感。

图1-4-4 新罗马地图（局部），詹巴蒂斯塔·诺利，1748

3 从建筑层面看图底关系

建筑与其所处的环境，可以被认为是城市设计中的微观层面。建筑设计中，图底关系可以从以下几个层面理解：

3.1 建筑实体与周围外部空间的图底关系

建筑设计不仅要专注于建筑本身，还应关注它所处的环境。通过推敲建筑（图）与建筑外部空间（底）的形态，可以有效协调建筑内外空间的关系，创造积极的建筑外部空间。

藤本壮介设计的"北海道儿童精神康复中心"就是一个典型的案例。藤本壮介在康复中心的设计中特别关注人与建筑的互动，从总平面可以看到，24个大小相同的正方形基本单元以不规则的方式组合在一起。通过图底转换的分析可以看到，建筑基本单元的组合看似纷乱，实际上围合了两个大的和若干个小的室外空间。这些外部空间形状自由多变、联系方式灵活多样，使用者总是能在不规则的外部空间中找到"偶然"的中心。（图1-4-5）

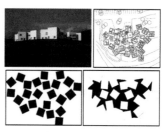

图1-4-5 日本北海道，儿童精神康复中心，藤本壮介，2006

运用图底转换的特殊性，亦可提供一种设计思路，形成有趣的设计概念，如妹岛和世与西泽立卫设计的"大仓山集合住宅"。建筑师曾经在其他基地中，运用自然舒展的花朵形状设计为建筑实体（图），意图最大限度地接触美好的自然（底）。然而在这个案例中，由于地处较为嘈杂拥挤的城市环境，建筑师采用图底反转的思路，将花朵这种自然形态的图形解读为建筑的外部空间，营造出自然生动的绿化场所，将剩下的连续形态设计成住宅——建筑实体。这个设计概念在城市环境中营造的内部绿化环境，不仅为住户创造了满意的外部空间，建立了人与自然的紧密联系，还加强了人与人之间的交流。（图1-4-6）

图1-4-6 日本横滨，大仓山集合住宅，妹岛和世与西泽立卫，2006-2008

081

图 1-4-7 圣彼得大教堂和朝圣教堂，墙体与室内空间的图底关系

图 1-4-8 西班牙穆尔西亚，穆尔西亚市政厅，拉菲尔·莫尼欧，1991-1998

082

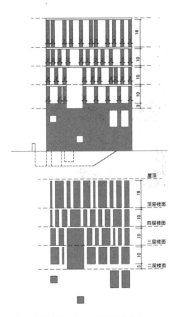

图 1-4-9 穆尔西亚市政厅立面韵律分析

3.2 建筑墙体等实体构件与室内空间的图底关系

通过将空间作为图形进行提炼和分析，可以研究空间之间的逻辑关系以及不同建筑中空间构成的特点与差异。

例如，对圣彼得大教堂和朝圣教堂的平面进行图底关系分析，可以清晰地分辨两个教堂在空间构成上的差异。圣彼得大教堂以正方形为母题，运用九宫格的划分网格，方向性不强，形的中心即为空间秩序的焦点；而朝圣教堂由纵向主轴和两根横向次轴构成，空间构成具有强烈的方向感。（图 1-4-7）

3.3 建筑立面构成中的图底关系

立面构成中的图底关系其实就是立面的虚实关系，一般理解墙体为实，洞口为虚。对建筑立面图底关系的解读，取决于墙体和洞口的形态与尺度。在墙面上开洞的立面设计，由于实墙一般为连续的界面，而洞口具有尺寸较小、形状完整的特点，所以我们倾向于将洞口解读为"图"，将实墙解读为"底"；但在一些具有大片玻璃幕墙的立面中，图底关系会发生反转，连续不间断的玻璃幕墙会被解读为"底"，而纤细的窗框网格则被解读为"图"。

正因为此，有的立面设计因为模棱两可的图底关系而变得趣味横生，如拉菲尔·莫尼欧（Rafael Moneo）的穆尔西亚市政厅（Murcia Town Hall）面向广场的建筑立面（图 1-4-8）。莫尼欧将建筑面对广场的实际立面退在柱廊之后，通过设计较自由的柱廊立面呼应周围历史建筑的立面形象。立面下部的三分之一为封闭的基座，基座上几个跳跃的洞口作为图的意味非常明显；立面上部的三分之二，采用断面相同的立柱，精心设置柱距，结合水平方向的楼板，形成有节奏的、穿透性的柱廊，图底关系的感知变得极为不确定（图 1-4-9）。整个立面因对图底关系的巧妙运用而显得虚实相间，富有节奏感和韵律感。

参考资料

《寻找失落空间——城市设计的理论》

（美）罗杰·特兰西克著，朱子瑜等译 [M]. 北京：中国建筑工业出版社，2008.

参考内容：第四章 城市空间设计的三种理论

扩展阅读

《建筑空间组合论（第三版）》

彭一刚著 [M]. 北京：中国建筑工业出版社，2008.

练习 1-4.1：图形的生成与解读

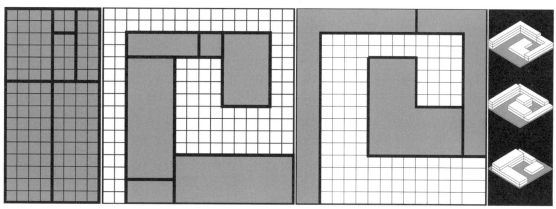

图 1-4-10 图形的生成与解读

任务书

练习任务

首先，结合网格分割板片，进行平面图形构成，探索"图底两可"的概念。其次，对确定的平面图形进行解读，解读对象包括图和底。最后，尝试由平面图形向三维体量的转化，赋予平面图形不同的高度，进一步阐释对平面图形的解读。（图 1-4-10）

练习要点

1. 图底关系
2. 图形解读
3. 二维图形与三维体量

材料工具

1. 白色和黑色卡纸：2mm 厚，用于图形构成
2. 白色 KT 板：5mm 厚，用于制作体量模型
3. 草图纸：用于绘制分析图
4. 相机或手机：用以拍照记录练习过程

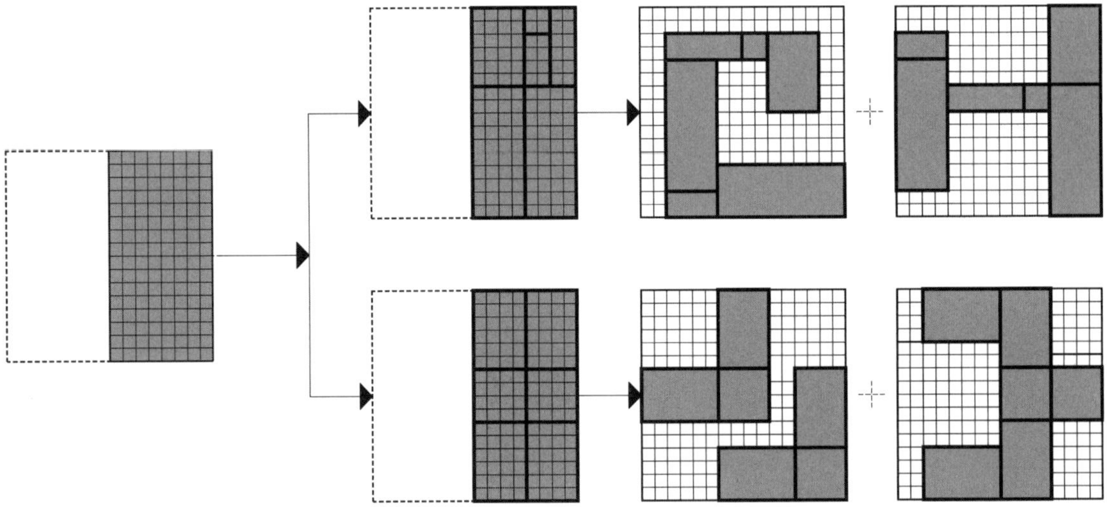

图 1-4-11 图形的生成

过程详解

1 图形生成

在 80mm×160mm 的黑色卡纸板上绘制间距为 10mm 的正交网格, 根据网格将卡纸切割成六块矩形单元。将六个单元在 160mm×160mm 的白色卡纸上进行图形构成, 单元间的关系可以是相接或相离, 但不能相叠, 用同一套矩形单元形成两个图形构成方案。重复上一步骤, 采用不同的切割方式, 形成另一套矩形单元, 并再次做两个图形构成方案。(图1-4-11)

正交网格的设置使切割图形有模数和形态的控制; 80mm×160mm 的尺寸控制了黑色图形的面积大小; 在 160mm×160mm 的底板上拼贴, 可以保证图和底的图形面积比为 1∶1。以上约束条件均为生成"图底两可"的图形提供可能。

两次图形切割方案建议采用不同的图形特征, 图形特征包括并不限于几何特征对比强烈的图形、尺寸对比强烈的图形、几何特征接近的图形、尺寸接近的图形等。

在图形构成阶段, 应关注正方形的几何特征和激发各种形式的可能, 需分别观察"图"与"底"的形态, 以取得图底可互换的图形为最佳。由于人一般具有较强感知图形的能力, 此操作目的在于引导练习者通过图形设计来加强对"底"的认知。

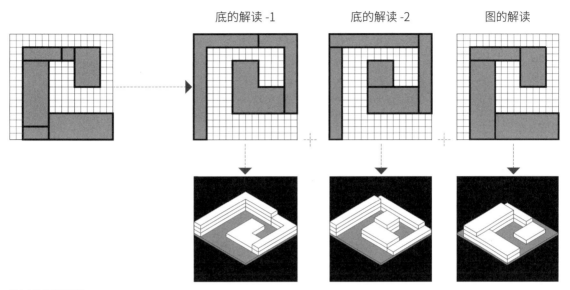

底的解读 -1　　　　底的解读 -2　　　　图的解读

图 1-4-12 图形的解读

过程详解

2 图形解读

从第一步骤生成的四个图形中,选择一个图形方案,分别对其"图"和"底"进行重新解读。共完成三张图形,其中至少包含一个针对图的解读和一个针对底的解读。 (图 1-4-12)

　　此阶段,重新解读是通过对图或底的图形进行重新切割来完成。操作需关注两点,一是按"图"或"底"本身的控制线来重新划分"图"或"底",关注图形本身的形态特征;二是切割图形时注意寻找秩序感。将图和底理解成同等重要的空间来操作。

3 体块升起

对三个重新解读的图形分别进行高度上的升起。通过高度的变化,直观地表达被解读的图形,并在设定高度的过程中,关注不同高度变化带来的体块组合特点。最后制作体块升起模型。

　　体块升起高度可以为 5mm、10mm 或 15mm,采用 5mm 厚的 KT 板叠加的方式完成。

　　用相机或手机拍摄记录各个阶段成果照片。

练习 1-4.2：平面的层叠与空间

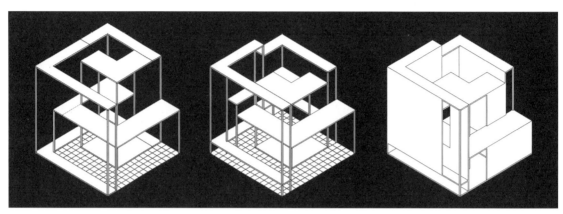

图 1-4-13 平面的层叠与空间

任务书

练习任务

将上一阶段练习中得到的三种图形解读平面进行层叠、支撑、平面高度调整、竖向界面围合等一系列操作，形成一个在高度方向上富有变化的整体空间，进而尝试观察并描述操作逻辑与空间状态之间的内在联系和互动关系。（图 1-4-13）

练习要点

1. 层的概念与通高空间
2. 支撑与界定
3. 空间的组织逻辑

材料工具

1. 灰色卡纸：2mm 厚，用作底板
2. 白色 PVC 模型板：2mm 厚，用作水平及垂直板片
3. 草图纸：用于绘制分析图
4. 细木杆：截面尺寸为 2mm×2mm，用于垂直支撑
5. 相机或手机：用以拍照记录练习过程

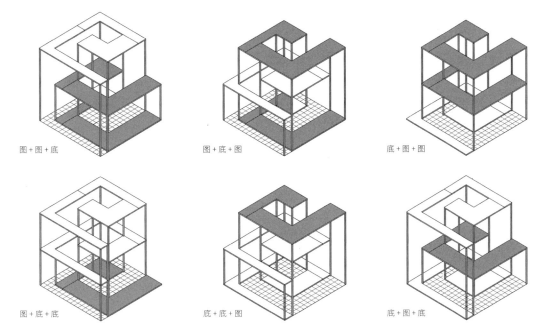

图 1-4-14 平面图形的层叠（灰色平面代表"图"，白色平面代表"底"）

图+图+底   图+底+图   底+图+图

图+底+底   底+底+图   底+图+底

过程详解

1 平面层叠

在 160mm×160mm 的灰色卡纸底板上，将 4.1 练习中的三个图形解读平面在不改变方向的前提下，作高度上的变化，形成平面对位的叠加空间。其中一个图形作为基面不抬升，另两个图形分别抬高 80mm 和 160mm。模型中的各层平面均采用白色 PVC 模型板制作，并用合适数量的木杆支撑被抬高的平面图形以完成模型。三个平面有上图的六种组合关系。需完成两种叠加方案，观察其不同的空间特征和关系。（图 1-4-14）

　　设计 160mm 的最大高度尺寸，让设计再次回归 160mm 见方的立方体空间。本课题中采用与课题 1-2 不同的设计手法，尝试从图形平面出发，构造立方体空间。

　　练习中保留图和底两种图形作为叠加的平面要素，引导练习者关注图和底各自包含的空间特征和相互之间的密切关系。三层平面的不同叠加方式为空间的形成带来多样性和趣味性。观察和分析是该阶段重要的学习手段。

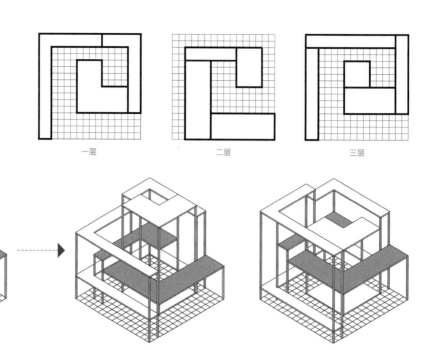

图 1-4-15 不同层平面图形解读

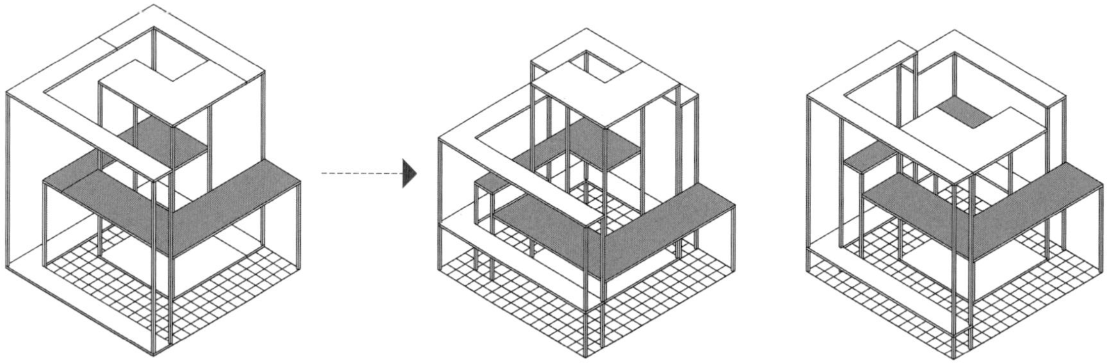

一层　　　二层　　　三层

图 1-4-16 层高变化的多种可能性

过程详解

2 层高变化

选择上阶段两个方案中的一个，对部分平面在高度上做进一步的操作。高度变化模数为 20mm，其中三层平面可往下两个高度模数；二层平面既可往下一个高度模数，也可往上一个高度模数；一层平面可往上两个高度模数。完成两个比较方案，观察空间上的新变化。（图 1-4-15、图 1-4-16）

模数设定是本教案练习中常见的条件，习惯在约束条件下创造是本教案设计的教学原则之一。采用 20mm 的高度模数，使每个平面仅有两个高度的变化，将练习控制在一定的变化范围，以匹配初次练习的难度。

这里的"部分平面"其实是在平面的解读基础上进行的，可在 1-4.1 练习中的第二步"平面的解读"成果中提取，也可以根据叠加平面后观察到的空间特征重新切割各层平面。将切割后的部分图形，有选择地做高度上的变化，以达到富有变化又有逻辑性的空间组合关系。

各层平面高度改变带来的不仅是单一空间尺度和形态上的变化，更需关注的是相邻空间、上下空间之间关系的改变。如何在变化中求统一也是本次练习要关注的重点。

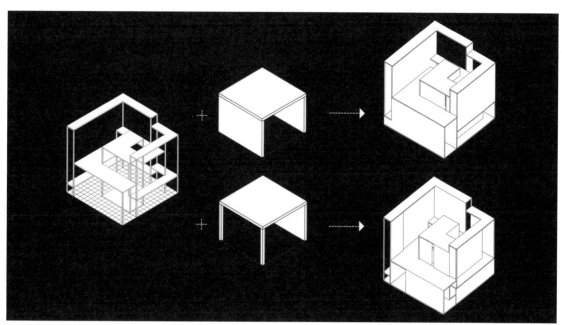

图 1-4-17 垂直界面的界定

过程详解

3 垂直界面

再次选择上阶段两个方案中的一个，进行垂直界面的界定。在给定的五种界定方式中选择一种，对每个矩形空间进行界定，注意相邻空间之间的关系以及空间体系的整体性。完成两个比较方案。（图 1-4-17）

　　首先在上一个步骤的基础上，考虑划分成不同的矩形平面。其次考虑每个矩形平面选择同一种垂直界定方式围合。观察同一种围合方式由于放置位置的不同，带来空间组合上的差异以及空间性质的变化。此时可根据观察结果，适当调整矩形平面的划分方式，注意保持设计作品的逻辑统一性。最后选择另一种垂直界定方式，按同样的步骤再完成一个设计。

　　在作业过程中，采用多视点观察模型，尤其注意以低视点观察内部空间。通过调整单个空间的界面围合，体验不同界面处理带来的不同感受。尝试学会控制界面的处理，达到理想的空间效果和空间秩序。

　　通过相机镜头观察内部空间，对于初学者是一个很好的观察和记录方式。镜头可以摒弃周围的干扰因素，使观察内容更为集中，并能捕捉到直接用眼睛观察不到的细微的光影变化。

作业示例

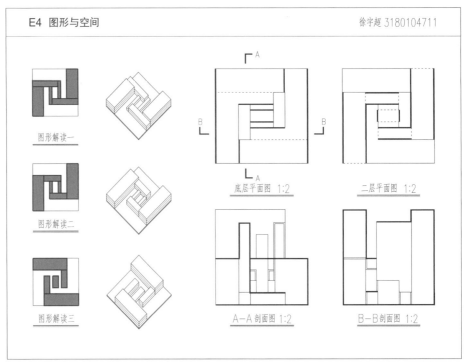

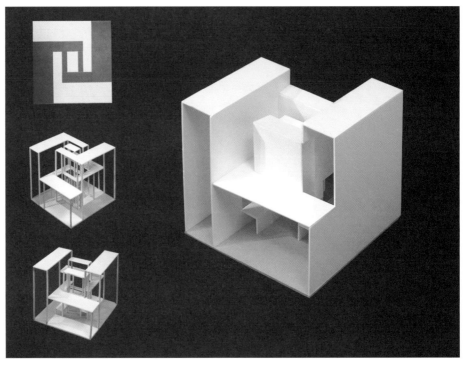

徐宇超 2018 级

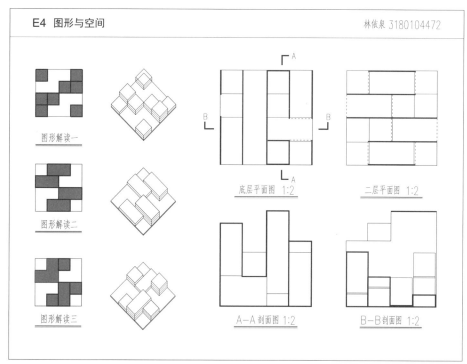

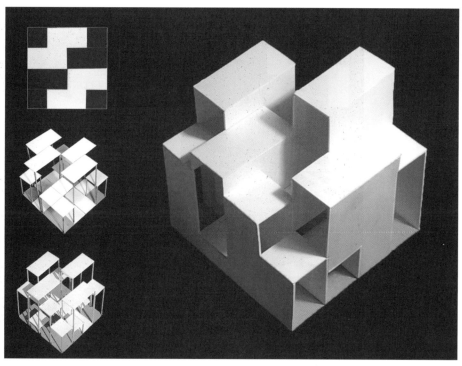

林依泉 2018 级

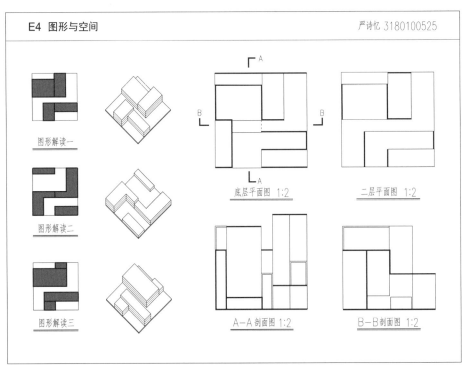

图形解读一

图形解读二

图形解读三

底层平面图 1:2

二层平面图 1:2

A—A 剖面图 1:2

B—B 剖面图 1:2

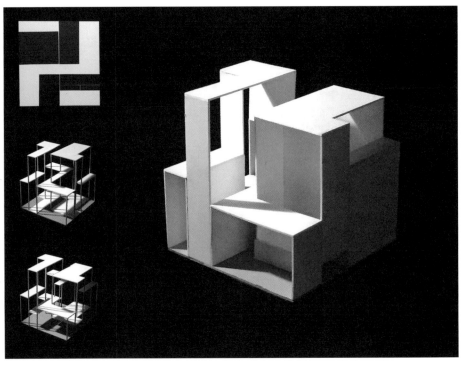

严诗忆 2018 级

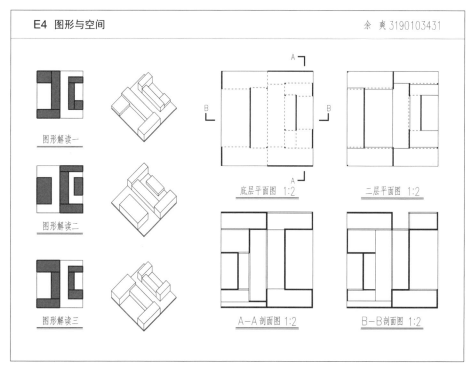

余 爽 3190103431

图形解读一

图形解读二

图形解读三

底层平面图 1:2

二层平面图 1:2

A—A 剖面图 1:2

B—B 剖面图 1:2

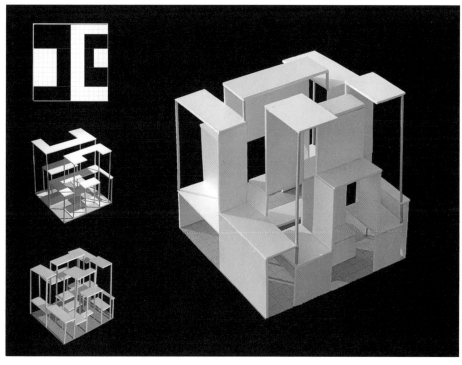

余爽 2019 级

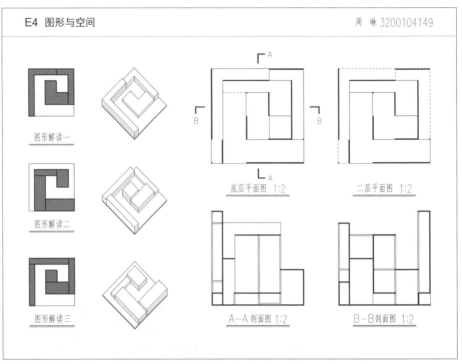

E4 图形与空间 周琳 3200104149

图形解读一

图形解读二

图形解读三

底层平面图 1:2

二层平面图 1:2

A-A剖面图 1:2

B-B剖面图 1:2

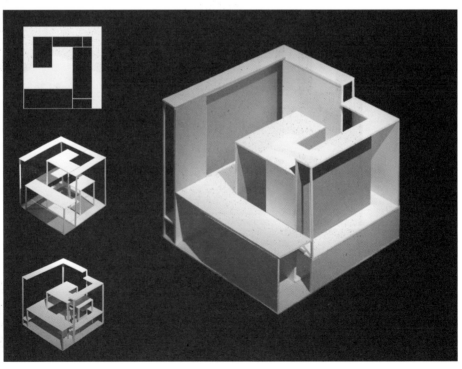

094

周琳 2020 级

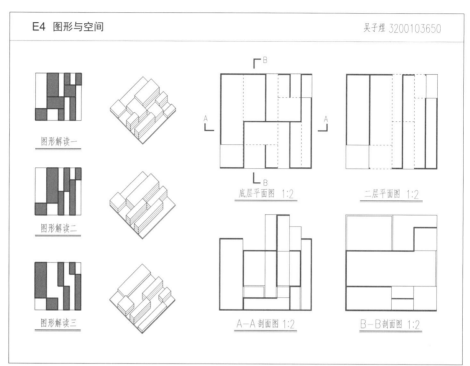

图形解读一

图形解读二

图形解读三

底层平面图 1:2

二层平面图 1:2

A-A 剖面图 1:2

B-B 剖面图 1:2

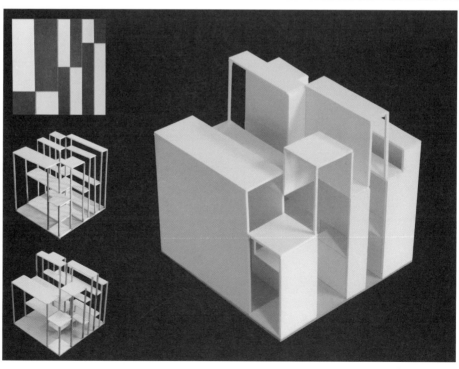

吴子煜 2020 级

课题 1-5

环境与呈现

课题概述

图 1-5-1 环境与呈现

教学任务

作为平立剖面图的补充，建筑师往往会制作透视图，将设计对象置于真实（或模拟真实）的场景中，研究或展示其视觉和空间效果。透视图一般分为外部透视和室内透视两类。外部透视主要表现建筑本身的形象及其与周边环境的关系；室内透视则着重于表现建筑内部空间。本课题中采用照片拼贴结合铅笔素描的方法，将设计对象置于真实场景中以呈现其场所感和空间感。（图 1-5-1）

教学要点

1. 透视的基本原理
2. 照片拼贴
3. 铅笔素描

教学周期

2.0 周，16 课时

教学安排

第 15 周

第 1 次课（4 课时）
课内：讲述课；选择角度，试拍模型内部照片。
课后：选择场景，拍摄场地环境照片。

第 2 次课（4 课时）
课内：小组讨论场地环境照片；分析场地环境照片的透视和光影，根据分析结果求模型外部透视。
课后：完成外部透视线框底稿。

第 16 周

第 1 次课（4 课时）
课内：小组讨论透视图；调整修改透视图，开始绘制外部透视图。
课后：绘制外部透视图；内部透视图添加人物配景。

第 2 次课（4 课时）
课内：调整完善内外透视图。
课后：整理课程作业，准备课程评图。（图 1-5-2、图 1-5-3）

图 1-5-2 外部场景

图 1-5-3 内部空间

背景知识

表现图，安多工作室（Ando studio）

实景照片

图 1-5-4 荷兰北贝弗兰岛（Noord-Beveland），私人住宅，保罗·德·鲁特建筑事务所（Paul de Ruiter Architects），2006-2013

图 1-5-5 美国国家美术馆东馆室内表现图，保罗·史蒂文森·奥莱斯（Paul Stevenson Oles），1971

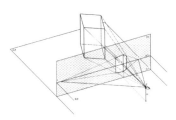

图 1-5-6 透视投影

1 建筑表现图

建筑表现图模拟人眼观察对象的感受，把建筑建成后的实际效果用直观的视图展现出来，是建筑图中最真实的一种再现方式，易于被非专业人员理解。（图 1-5-4）

根据不同的表现对象，建筑表现图可分为室外表现图和室内表现图。室外表现图着重表现建筑实体形象及其与周边环境的关系，室内表现图则重点表现建筑室内空间的效果。（图 1-5-5）

建筑表现图应遵循透视原理和绘制技法。

2 透视原理

当人透过一个透明的画面——投影面观察对象时，人眼与对象上的点连线而成投射线，借助投射线在画面上形成的中心投影即为该对象的透视图。我们现在使用的消失点透视制图技法是在 15 世纪初的文艺复兴时期被"重新发明"的。关于透视原理，需要理解掌握的术语和概念包括画面（P. P.）、地面（G. P.）、地平线（G. L.）、视点（E）、视平面（H. P.）、视平线（H. L.）、视高（H）、视中心点（C. V.）、视距（D）、视线（SL）、消失点（V）等。（图 1-5-6）

2.1 视距

视距是指视点到视中心点的距离。视距越近，透视效果越强烈，但过小的视距会导致透视失真。

2.2 消失点（灭点）

与画面相交的一组平行直线（或其延长线），在透视中最终相会于同一点，此点即为该组平行直线的消失点。我们可以建立一个由 X、Y、Z 三个轴向构成的空间网格。当只有 Y 轴与画面相交时，形成一点透视；当 X 轴、Y 轴与画面相交时，形成两点透视；当三轴均与画面相交时，形成三点透视。

2.3 视高

视高是视点到地平线的距离，当视高为正常的人眼高度且平视时产生的透视效果在建筑表现图中最为常用。当视高高于正常的人眼高度并进而高于建筑屋顶时产生俯视的透视效果，被称为鸟瞰图，适用于表现建筑的整体布局与周边环境。当视高低于正常的人眼高度甚至视点在地平线之下时产生仰视的透视效果，被称为虫视图。

3 表现方式

常用的建筑表现图绘制方式包括手工绘制、计算机渲染和照片融入三种。

传统上，建筑表现图是由设计者手工绘制的，分徒手和尺规两种，适用于不同的目的，表现形式有线描（铅笔线、墨线）、单色（铅笔素描、水墨渲染、水彩渲染）、彩色（水彩、水粉、马克笔）等。当前，利用计算机建模渲染绘制建筑表现图更为普遍，效果也更为逼真。照片融入的方式则是以场地真实状态的照片为背景，将手绘或计算机渲染的设计成果以拼贴或图片合成的方式融入其中，以获得强烈的真实感。

图 1-5-7 树木与人物配景烘托环境氛围

4 环境配景

从构图的角度来说，树木、人物、车辆等配景是均衡画面、丰富层次的表现手段。当然，我们不能把配景仅仅当作建筑表现图的装饰，而应将其视为建筑表现图的重要组成部分，目的是营造更为真实的建筑场景和氛围。（图 1-5-7）

具体操作时，可以将收集的配景素材用手工剪贴或利用软件融入的方式加入画面中，也可以在画面中手绘配景。需要注意的是，配景与主体应当在透视关系、大小比例、远近层次、明暗光影、色彩色调等方面达到和谐一致。

参考资料

1.《建筑制图（第三版）》
金方编著 [M]. 北京：中国建筑工业出版社，2018.
参考内容：第 5 章 透视图
2.《建筑画环境表现与技法》
钟训正著 [M]. 北京：中国建筑工业出版社，1985.
参考内容：全书

扩展阅读

《设计与视知觉》
顾大庆著 [M]. 北京：中国建筑工业出版社，2002.

练习 1-5.1：环境与透视

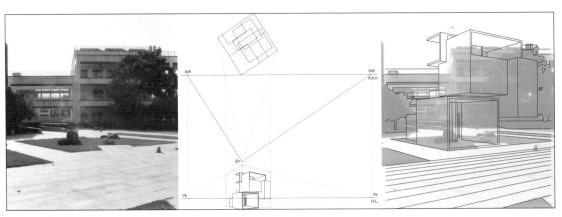

图 1-5-8 环境与透视

任务书

练习任务

在校园内选择一处合适的场地放置课题 1-2 或课题 1-4 的设计成果。首先，拍摄场地环境照片，并对照片中的透视关系进行分析。其次，根据分析结果，选择合适的比例、角度和距离求得设计成果的外部透视。最后，对透视的大小作适当的调整，将设计融入场地环境。（图 1-5-8）

练习要点

1. 场地环境照片拍摄
2. 透视的概念与求解
3. 环境与建筑的尺度

材料工具

1. 相机或手机，以及三脚架等必要的拍照辅助工具
2. 带图像处理软件的电脑
3. 铅笔素描绘图工具

图 1-5-9 对场地实景照片的透视分析

过程详解

1 确定场地

从形体关系、空间尺度、环境氛围等方面出发，在校园内寻找一处合适的场地放置设计成果。拍摄场地的实景照片并对其进行透视分析，获取相关信息。（图 1-5-9）

　　将课题 1-2 或课题 1-4 的设计成果放大 50 倍——即由边长 16cm 的立方体模型转换为边长 8m 的立方体建 / 构筑物，并将其设想为景观小品构筑物或带有一定功能的小型建筑物。

　　拍摄场地环境照片时，应将相机镜头置于自然站立的人的眼睛高度，同时机身保持水平和竖直（可借助三脚架）。拍摄前，应预估建 / 构筑物在场地中摆放的位置，可在地面放置标识物作为辅助手段；拍摄时，取景范围尽可能大一些，有利于后期对构图的调整，但应注意勿用广角，以免产生透视变形；拍摄后，需测量拍摄点与目标点之间的距离，并尽可能精确地记录拍摄角度。此外，可在一天中的不同时段多次拍摄场地环境照片，以便于选择最佳的光影来呈现设计成果在真实场景中的效果。

　　在打印的照片上或是在图像处理软件中，结合《建筑制图》课程中学到的透视知识，对场地环境进行透视分析，用作图法找到视平线（H.L.）、消失点（Vx、Vy）等相关信息，作为下一步求解透视的依据。

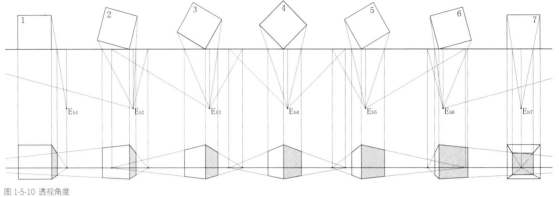

图 1-5-10 透视角度

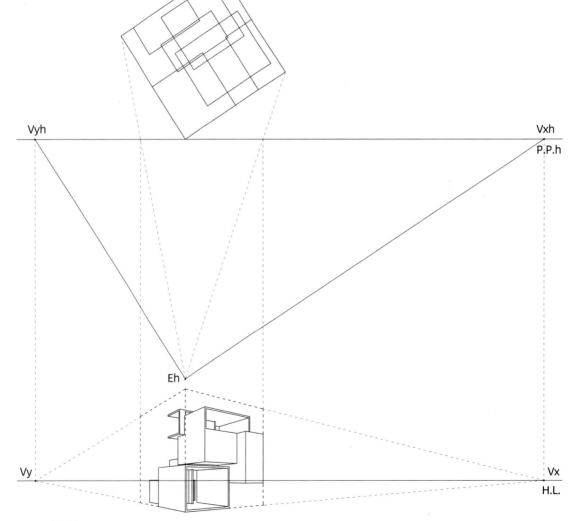

图 1-5-11 求取透视

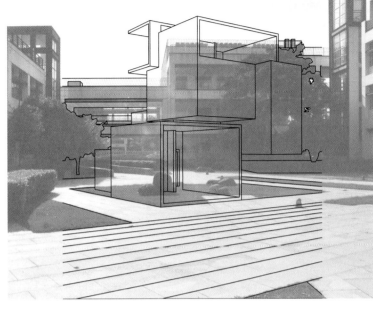

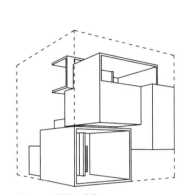

图 1-5-12 透视融入场景

过程详解

2 求取透视

以场地实景照片的透视分析结果为条件，正确求解设计成果的外部透视。将求得的透视缩放至合适的尺寸，融入真实场景中。

　　结合场地情况确定设计成果的真实尺度和摆放位置，特别注意协调与周边建筑及外部空间的关系，包括比例关系、方向、距离等。

　　根据拍摄时的位置和朝向，经过推算，在求透视的图面上设定视点（E）、消失点（Vx、Vy）的位置，以及设计成果平面的大小、角度和位置。取正确的视高（H）后开始求取透视。（图 1-5-10、图 1-5-11）

　　求得透视后，按比例缩放至合适的尺寸，并拷贝在半透明的硫酸纸或草图纸上。将绘有透视线稿的硫酸纸或草图纸蒙在打印为 A3 大小的场地环境照片上，检验所求的透视与原始场景是否吻合。（图 1-5-12）

　　透视检查合格后，在透视线稿上以线描的方式拓印设计成果附近环境，作为下一阶段素描表现的底稿。

练习 1-5.2：表现与配景

图 1-5-13 表现与配景

任务书

练习任务

综合运用铅笔素描和照片拼贴的手段，完成外部透视。选择设计中的重要空间或典型空间，拍摄模型内部照片。添加人物配景，以增强内外透视的尺度感和场所感。（图 1-5-13）

练习要点

1. 铅笔素描表现
2. 人物配景
3. 图像合成

材料工具

1. 带图像处理软件的电脑
2. 人物配景素材
3. 铅笔素描工具

注：本阶段练习中的外部透视可采用模型照片与环境照片拼贴或铅笔素描与环境照片拼贴两种方式，本书中详解的是后一种方式的练习过程。

图 1-5-14 素描表现与拼贴

过程详解

1 素描表现

用铅笔素描表现设计成果及图面中贴邻的环境，将手绘部分与环境照片拼贴完成外部透视。（图 1-5-14）

手绘部分应包括整个设计成果，且在整个图面中所占的比例不应少于 50%。素描表现过程中应特别注意设计成果的明暗面及光影关系要与周边环境一致。铅笔素描完成后，经适当裁剪与环境照片拼合。可对手绘部分与照片的交接处进一步加工，以保证两部分的融合。

2 添加配景

在模型内部照片的可见室外背景中贴入环境图像，在两张表现图中均添加人物配景。

注意所选室内空间的高度、位置、方向与真实环境的关系应与外部表现图相对应。配景的安排首先要注意对透视和空间深度的把握。

人物的配置要遵循近大远小的原则以及与视平线的关系。考虑到本练习中采用的是人眼高度的平视透视，故正常立姿的远近人物的眼睛位置都大致控制在视平线的上下。与此同时，在选择人物素材时，还应考虑配景与场景氛围的契合度，即人物的位置和动作应有利于空间感和场所感的渲染。

作业示例

E5 环境与呈现 　　　　　　　　　　　　　　　　林依泉 3180104472

林依泉 2018 级

　外部场景
　　　模型照片 + 环境照片

E5 环境与呈现 　　　　　　　　　　　　　　　　徐若滢 3180101412

徐若滢 2018 级

外部场景
模型照片 + 环境照片

E5 环境与呈现　　涂彤惠 3190101052

涂彤惠 2019 级

外部场景
模型照片 + 环境照片

E5 环境与呈现

吴同 2020 级

外部场景
铅笔素描 + 环境照片

徐欣航 2020 级

外部场景

铅笔素描 + 环境照片

洪辰 2018 级

内部空间

模型照片拼贴

张可昕 2019 级

内部空间
模型照片拼贴

周琳 2020 级

内部空间
模型照片拼贴

课题	周次	课次
2-0 秩序	01	1
		2
	02	1
		2
2-1 人居	03	1
		2
	04	1
		2
	05	1
		2
2-0 秩序	06	1
		2
2-2 建构	07	1
		2
	08	1
		2
	09	1
		2
	10	1
		2
2-0 秩序	11	1
		2
2-3 场所	12	1
		2
	13	1
		2
	14	1
		2
	15	1
		2
课程评图	16	1
		2

设计初步 2

114

课题 2-0

秩序

课题概述

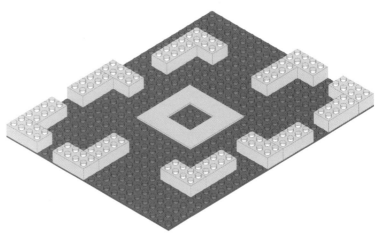

图 2-0-1 秩序

教学任务

各个部分之间的逻辑关系是一个整体得以形成的重要基础。这种秩序的
必要性来源于我们共同的需求：有秩序的事物总能让人们更好地理解、
制作及使用。设计中的秩序可能由设计条件引发，也可能由设计要求导致，
但最大的可能还是源自设计者希望赋予设计的一种组织逻辑。

本课题中，通过乐高积木的拼搭练习，希望能够初步建立关于体块形状、
空间形态以及两者间逻辑关系的设计意识，并尝试从场地环境中发现影
响设计的条件和引导设计的线索。同时，在三个阶段逐步变化的设计条
件下，具备调整和控制的能力，促使原有秩序的合理演变。（图 2-0-1）

教学要点

1. 组织逻辑与整体秩序
2. 体块形状、空间形态以及两者间逻辑关系
3. 场地环境对设计的影响

教学周期

3.0 周，24 课时

教学安排

第 01 周

第 1 次课（4 课时）
课内：布置任务；初步尝试；小组讨论；个别辅导。
课后：完成两个方案，并对两个方案的实体和空间秩序进行草图分析。

第 2 次课（4 课时）
课内：小组讨论；个别辅导；布置绘图要求。
课后：完成 2-E0.1 图纸；准备 2-E1 的轮廓模型和家具。

进入 2-E1 人居课题

第 06 周

第 1 次课（4 课时）
课内：布置任务；初步尝试；小组讨论；个别辅导。
课后：完成两个方案，并对两个方案的空间路径进行草图分析。

第 2 次课（4 课时）
课内：小组讨论；个别辅导；布置绘图要求。
课后：完成 2-E0.2 图纸；准备 2-E2 的模型材料，并考虑结构类型。

进入 2-E2 建构课题

第 11 周

第 1 次课（4 课时）
课内：布置任务；初步尝试；小组点评。
课后：完成两个方案，并对两个方案的空间路径进行草图分析。

第 2 次课（4 课时）
课内：小组点评；确定方案；布置绘图要求。
课后: 完成 2-E0.3 图纸；对场地内的外部空间做进一步分析。（图 2-0-2）

进入 2-E3 场所课题

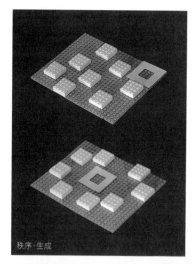

秩序·生成

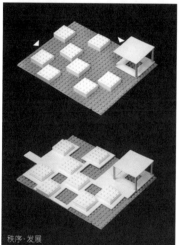

秩序·发展

117

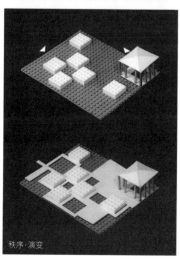

秩序·演变

图 2-0-2 课题 2-0 过程模型照片

背景知识

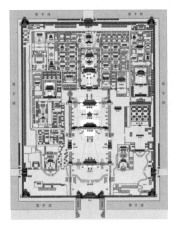

图 2-0-3 中国北京，故宫，建于 1406-1420

1 秩序的必要性

鲁道夫·阿恩海姆（Rudolf Arnheim）在《建筑形式的视觉动力》中强调了秩序的重要性："……秩序必须被理解为任一组织系统功能不可替代的，无论其功能是物质上的还是精神上的。就像一台机器、一支乐队或一个运动队，没有它所有部分的通体协作就不能正常运行一样，所以一件艺术品或建筑如果不表现为一个有秩序的式样就不能实现它的功能并传递它的信息。……如果没有秩序，就没有办法说明作品在努力述说什么。"[1]

此外，《设计与分析》一书中进一步解释了秩序之于设计的必要性："每一件设计皆以组织排序为基础。排序的必要性来自我们共同的需求，我们希望将世上所有的事物都安排得好好的，好让我们自己更容易了解一切。……组织排序的第二个目的与制作有关。组织结构要条理分明，这是将建筑设计付诸实现的必备条件。组织排序的第三个目的与实用有关。……组织排序有助于将具体的事实与抽象的思想同时放进设计中。"[2]

简而言之，秩序有助于我们对设计对象的理解、制作乃至使用，是一个设计得以成立的根本。

2 构成原则

设计中的秩序首先会直观表现在构成形式上。以下三组构成原则可被视为在设计中形成秩序的视觉手段。

2.1 轴线与对称

轴线是空间中一条假想的线，可在其上或两侧布置实体或空间以形成秩序。轴线通过连接端点或节点形成，这些点可以是实体（如纪念碑、重要建筑等），也可以是空间（如门洞、广场等），通常具有视觉或意义上的鲜明特征。此外，如果沿轴线两侧平行、连续地布置构成要素，可以加强轴线的意向。轴线虽不可见，却是一种强有力的控制与支配手段，如北京故宫的整体格局就由中轴线所决定（图 2-0-3）。

如果构成要素沿轴线形成镜像关系，便是对称模式中的一种——中轴对称。另一种基本的对称模式是中心对称，或称放射对称。现实状态中的形式构成可能更为复杂，如为了应对不规则场地或特殊的使用要求，建筑形态可能会出现整体对称局部不对称或整体不对称局部对称的情况。一般而言，对称的秩序会带来平衡、稳定、统一的感受，但若使用不当，也可能造成呆板、僵硬的负面效果。

1 （美）鲁道夫·阿恩海姆著，宁海林译.建筑形式的视觉动力 [M].北京：中国建筑工业出版社，2006：123.

2 （荷）伯纳德·卢本等著，林尹星，薛皓东译.设计与分析 [M].天津：天津大学出版社，2010：25.

2.2 基准与差异

从严格意义上讲,轴线是基准的一种特殊模式。作为构成中为其他要素提供普遍参照的结构,基准可以以不同的形式存在,包括线、面或体。不管是何种形式的基准,均应具有规则性、连续性和稳定性,从而可以将可能看上去互不相干的其他要素组织成一个整体。

基准以一种不变的、可识别的状态从视觉上强调了构成的整体性,这一状态同时为其他要素的变化与个性提供了自由。因此,在构成要素存在明显差异的情况下,正是强有力的基准使得整体形式呈现一种丰富性而非混乱感。阿尔多·凡·艾克(Aldo van Eyck)在科勒-米勒(Kröller-Müller)博物馆展亭的设计中,以一系列平行墙为基准,并将圆弧墙的圆心也定位于基准轴线上,如此处理,统一了直线与曲线这两种构图要素(图2-0-4)。

图 2-0-4 荷兰奥特洛,科勒-米勒博物馆展亭,阿尔多·凡·艾克,1965-1966

2.3 重复与韵律

因其直观和高效,重复作为一种建立秩序的手段,在形式构成中被广泛应用。重复的核心在于一致性,这种一致性涉及要素和关系。要素的一致性是指参与构成的要素在形状、大小、细节等某个或多个视觉特征上是相同或至少是相似的;关系的一致性则是指间距、位置、角度等涉及要素之间或要素与整体之间的关系特征所呈现的一致性。

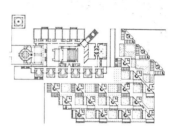

图 2-0-5 印度艾哈迈达巴德,印度管理学院,路易斯·康,1962-1974

在重复的基础上可以进一步形成韵律。具体而言,当我们面对一个以重复为原则的形式构成时,通过精心设计,有计划地让某个或多个一致性特征产生类似音乐旋律的变化,便会在视觉上形成运动的暗示,打破因完全重复而可能产生的单调感和机械感。路易斯·康(Louis Isadore Kahn)设计的印度管理学院学生宿舍区便是巧妙运用重复与韵律手法的经典案例(图2-0-5)。

当然,秩序不单单是指几何规律性,而是指一种整体与部分、部分与部分和谐共处的状态。设计者也不只是运用几何工具来组织秩序,还有运动、叙事,以及来自绘画的图像组合原则等多种手段。

3 组织逻辑

从本质上而言,设计就是将各个要素以某种秩序组织为一个整体,这些要素包括空间要素和物件要素。以系统论的观点解释,如果将一栋建筑视为一个系统,那么其构成要素包括了房间、走廊、大厅等空间要素以及墙、楼板、门窗等物件要素;如果放到城市层面,则各种类型的

图 2-0-6 今土耳其，米利都（Miletus），希波达摩斯（Hippodamos），公元前 479

图 2-0-7 意大利科莫，法西斯宫（Casa del Fascio），朱塞佩·特拉尼（Giuseppe Terragni），1932-1936

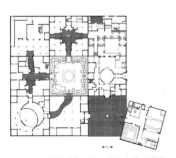

图 2-0-8 印度斋浦尔，贾瓦哈尔·卡拉·肯德拉艺术中心，查尔斯·柯里亚，1986-1992

1 （美）戴维·莱瑟巴罗．蜿蜒的法则 [M]// 卢永毅主编．同济建筑讲坛——建筑理论的多维视野．北京：中国建筑工业出版社，2009：111-134.

2 金秋野．截取造化一爿山——阿道夫·路斯住宅设计的空间复杂性问题 [J].建筑学报，2019，09：110-117.

建筑就成了要素，与街道、广场等要素一同构成城市系统。无论从哪个层面看，清晰明确的组织逻辑都是系统得以建立、运转并展现出某种特质的保证。从具体手法而言，我们可以将建筑设计中的组织逻辑粗略地划分为并置和串联两大类。

3.1 并置：格网

格网系统被认为是用作组织秩序的最古老的工具之一，或隐或显的格网首先建立了整体结构，而各要素以并置的状态与格网发生某种关系，进而构成整体。千百年来，大量的城市和建筑实例印证了格网作为组织手段的无所不在。城市中，格网在建立道路网络的同时划分了土地（图2-0-6）；建筑中，格网同时确定了结构构件的位置和空间的基本模式（图2-0-7）。

如果对基本格网进行诸如错位、旋转、合并、叠加等一定程度的变形，则会形成新的组织逻辑。查尔斯·柯里亚（Charles Correa）在贾瓦哈尔·卡拉·肯德拉艺术中心的设计中，以移动并转动其中一个方格的方式，打破了原来九宫格严正的格局（图 2-0-8）；而彼得·埃森曼（Peter Eisenman）则用叠合城市和大学两套格网的方法为维克斯纳视觉艺术中心和艺术图书馆的设计建立秩序（图 2-0-9）。

在并置组织构成要素时，格网并非唯一的工具，设计师有时还会参考绘画中的图像组合原则。

3.2 串联：路径

如果说对格网的把握往往依赖俯视视角的话，那么以路径（或者轴线）来串联空间和物件要素则更接近平视的视角，即通过在行进中的一系列视觉体验来感知整个建筑或城市。

现代建筑通过空间轴线的转折、错位，以及由此带来的路径的曲折变化，创造了空间的流动性。借用勒·柯布西耶的"蜿蜒的法则（The Law of Meander）"，并通过对数位现代建筑大师的作品的分析，戴维·莱瑟巴罗（David Leatherbarrow）提出了"现代建筑典型的空间结构是从如画式空间中发展而来的"的观点，认为现代建筑的空间组织正是借助蜿蜒的路径，以延迟、局部的隐藏，或时隐时现的方式，建构了整个空间序列。[1]而金秋野则通过对阿道夫·路斯住宅设计中空间复杂性问题的研究，得出了相似的观点，并进一步将这种组织逻辑与中国江南园林的设计手法联系起来。[2]

此外，在一些设计案例中，建筑师还将社会、历史、文化的信息与空间路径相结合，形成了叙事式的组织模式，强化了使用者和体验者在情感上的共鸣。例如，贝聿铭借用《桃花源记》的意象，以路径主导了美秀美术馆的空间与形式构成（图 2-0-10）。

4 建筑秩序

在《建筑学教程：设计原理》一书中，赫曼·赫茨伯格（Herman

Hertzberger）为建筑秩序作了如下定义："简单来说，当由各个部分共同决定整体，或当以一种相同的逻辑从整体形成各部分时，所产生的建筑统一性可以称为'建筑秩序'。这种设计所产生的统一性在设计过程中，持续重复地相互作用——部分决定整体并且被整体所决定——从某种意义上说，这种统一性可以称为'结构'。"[1]

4.1 历时的演变

当然，强调秩序的作用并不意味着建筑形式必须是一成不变的，要求一个固定的建筑形式能适合随时间不断变化的功能是不现实的。这就需要建筑在保持整体形式结构基本不变的情况下，能够使自己适应多变的功能，呈现不同的外观。

建筑演变的时间尺度可能是历史的范畴，长达几年、几十年甚至几百年，也可能仅仅是一年中的季节更替，甚至只是一天中的日常变换，这就要求赋予建筑的秩序具有一定的灵活度和可变性。

4.2 经线与纬线

我们可以以织物来做类比。经线建立了织物的基本秩序，因此创造了纬线取得变化和丰富色彩的最大可能性。经线必须足够牢固，并具有合适的张力，但是就色彩而言，它只需作为一个底色。纬线则根据编织者的想象力，给织物色彩、图案和质感。经线和纬线构成一个不可分割的整体，它们中的一方不能离开另一方而存在，它们互为对方的因果。

建筑秩序的经与纬涉及整体与部分、框架与细节的概念，若是整体框架清晰、明确、有力，则可包容局部细节的丰富多样，也会赋予秩序强大的生命力。

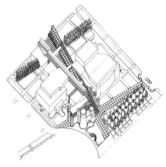

图 2-0-9 美国俄亥俄州哥伦布，维克斯纳视觉艺术中心和艺术图书馆，彼得·埃森曼，1983-1989

图 2-0-10 日本滋贺县甲贺市，美秀美术馆，贝聿铭，1991-1997

121

参考资料

1.《建筑：形式、空间和秩序（第二版）》
（美）程大锦著，刘丛红译 [M]. 天津：天津大学出版社，2005.
参考内容：7 原理

2.《设计与分析》
（荷）伯纳德·卢本等著，林尹星，薛皓东译 [M]. 天津：天津大学出版社，2010.
参考内容：第 2 章 排序与组合

3.《建筑学教程：设计原理》
（荷）赫曼·赫茨伯格著，仲德崑译 [M]. 天津：天津大学出版社，2003.
参考内容：B 形成空间，留出空间

1 （荷）赫曼·赫茨伯格著，仲德崑译. 建筑学教程：设计原理 [M]. 天津：天津大学出版社，2003：126.

练习 2-0.1：生成

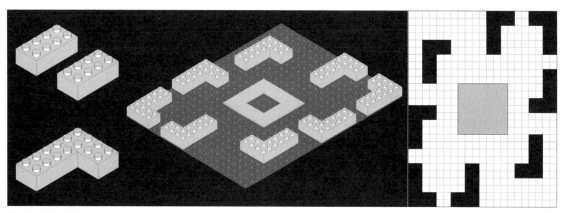

图 2-0-11 秩序·生成

任务书

练习任务

乐高积木是一种简单而又富于变化的玩具，其独特的扣搭方式对于操作会有一定的限制，而正是这种限制导致了积木拼搭的基本规则。练习中要发现并利用这些基本规则中隐含的逻辑，结合本阶段的练习要求和自己的构思，形成表达清晰的形式秩序。（图 2-0-11）

练习要点

1. 限制与规则
2. 形式与表达
3. 组合方式与整体秩序

材料工具

1. 乐高底板：21 点 ×27 点，1 块
2. 乐高积木：2 点 ×4 点，16 个
3. 白色卡纸或 PVC 模型板：2mm 厚
4. 相机、A4 草图纸若干，用于记录、分析

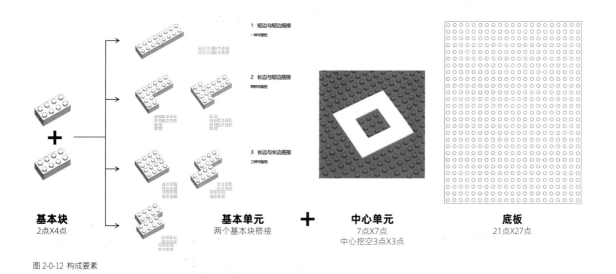

图 2-0-12 构成要素

基本块
2点X4点

1 短边与短边搭接
一种可能性

2 长边与短边搭接
两种可能性

3 长边与长边搭接
三种可能性

基本单元
两个基本块搭接

中心单元
7点X7点
中心挖空3点X3点

底板
21点X27点

过程详解

1 积木拼搭

将 8 个基本单元和 1 个中心单元布置在底板上，其中基本单元可旋转、镜像，不得超出底板范围。

　　以 2 点 ×4 点的乐高积木为基本块，将两个基本块搭接且拼接部分 ≥ 2 点，可形成六种形式的基本单元，练习者需选择其中一种；将白色卡纸或 PVC 模型板裁切成边长为 7 点的正方形，并在中心挖空 3 点 ×3 点，制作成中心单元；以 8 个同形的基本单元和 1 个中心单元为构成元素，在 21 点 ×27 点的乐高底板上进行构图练习。（图 2-0-12）

　　练习的初始阶段，可以从基本单元的两两关系着手进行操作、观察和分析。图 2-0-13 和图 2-0-14 中，以 L 形基本单元为例，分别从实体体块之间的关系和由体块围合界定的空间两方面分析基本单元的组织逻辑。

　　在探究两两关系的基础上，可将练习逐步扩展至多个基本单元。练习中要求基本单元之间应保持分离状态。

　　与局部关系并行的是对整体结构的把握，即基本单元群组与中心单元之间的组织关系。图 2-0-15 中以简图的方式罗列了练习中可能出现的整体布局类型，其中黑色正方形为中心单元，灰色色块则代表基本单元群组。

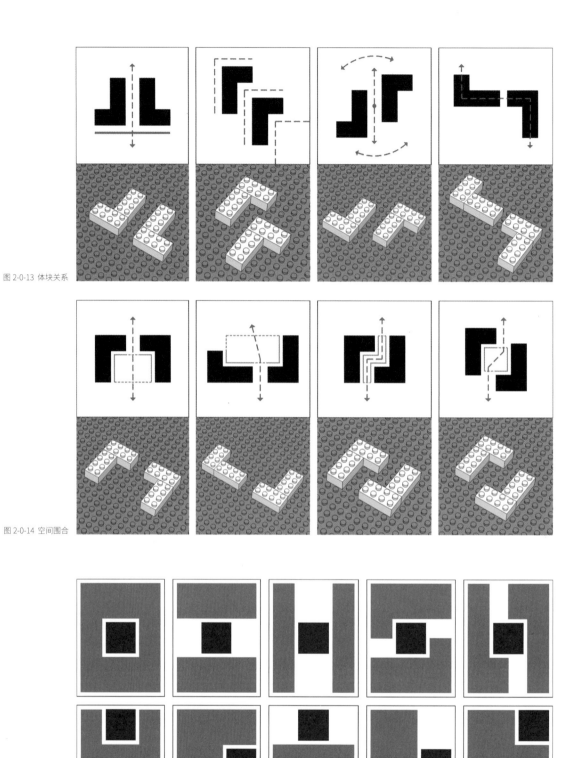

图 2-0-13 体块关系

124

图 2-0-14 空间围合

图 2-0-15 整体布局

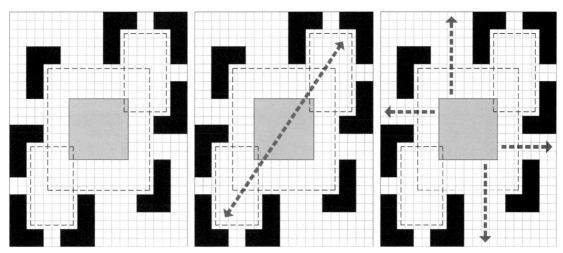

图 2-0-16 记录分析

过程详解

2 记录分析

用拍照和草图的方式记录练习成果。拍照选取鸟瞰的角度，草图记录平面布局，并对实体和空间的形式秩序进行分析。（图 2-0-16）

    乐高积木拼搭的构图练习至少进行两次，得到相应方案，并及时记录练习成果。拍照记录选取鸟瞰角度，注意控制镜头与对象的距离，避免明显的透视变形。同时，在网格纸上记录构图方案的平面布局，作为分析底图。

    分析中同时关注实体与空间，但重点在由实体围合界定的空间。可以将乐高积木视为真实建筑物，想象人进入场地后的感受与体验。分析过程也是逐步厘清形式秩序的过程，对于最终调整完善的构图方案，尝试是否可以用简洁的语言对其形式秩序进行清晰的描述。

    练习成果为 1 张 A3 图纸，其中两张照片呈现以同一种基本单元完成的两个构图方案。从两个方案中选取一个作为后续设计发展的基础，绘制选定方案的平面布局图，并运用辅助线进行适当的分析。

    平面布局图中应绘制指北针，在基本单元中选择并标示 1 个，这些将成为人居课题练习的基础设计条件。

作业示例

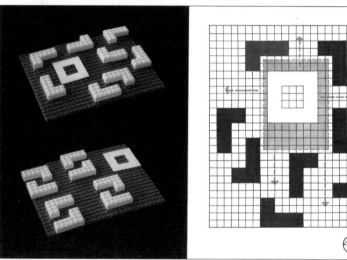

周安德 2018 级

金洛羽 2018 级

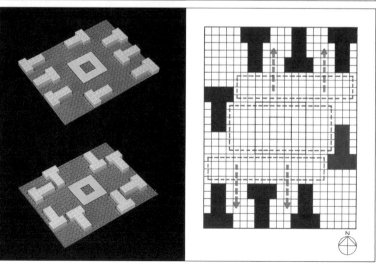

金晨晰 2018 级

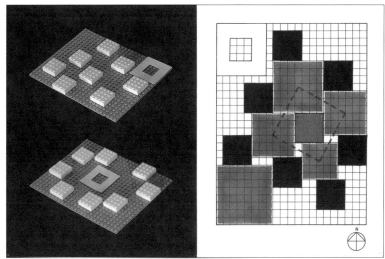

华颖 2018 级

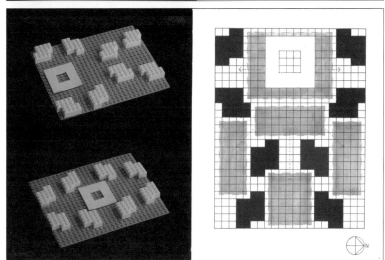

127

叶海丽 2018 级

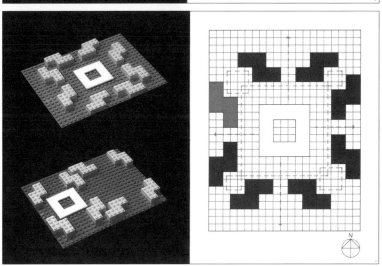

潘哲 2018 级

练习 2-0.2：发展

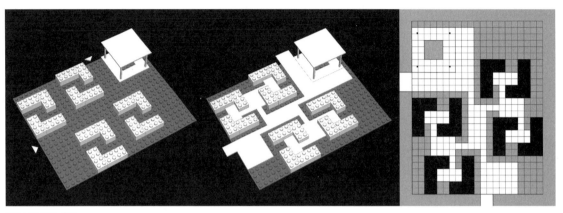

图 2-0-17 秩序·发展

128

任务书

练习任务

在上一阶段练习成果的基础上，结合设计要求的改变及环境信息的引入，对原方案进行相应的调整，并通过软硬基面的变化进一步厘清、深化外部空间的结构与层次。需要注意的是，方案的调整深化应是在原有形式秩序和空间逻辑基础上的发展。（图 2-0-17）

练习要点

1. 秩序的延续与发展
2. 出入口与空间路径
3. 外部空间结构与层级

材料工具

1. 乐高底板：21 点 ×27 点，1 块
2. 乐高积木：2 点 ×4 点，16 个
3. 白色卡纸或 PVC 模型板：2mm 厚
4. 相机、A4 草图纸若干，用于记录、分析

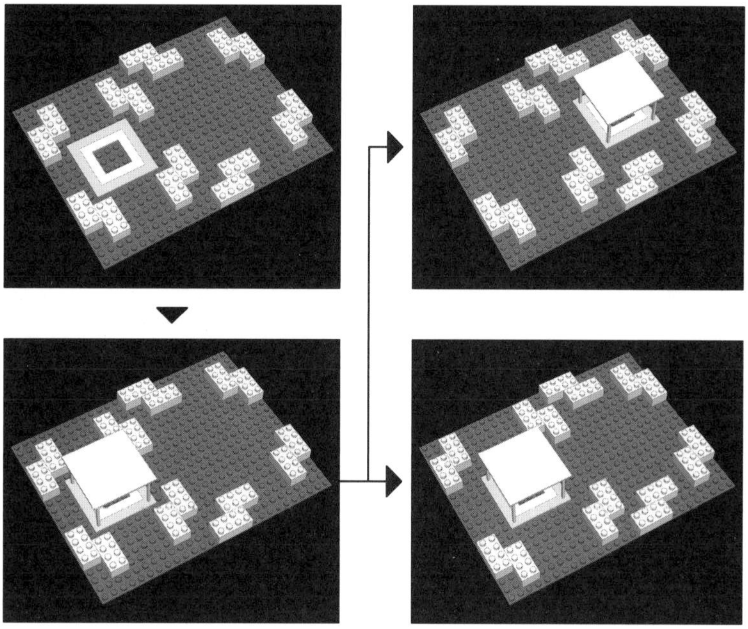

图 2-0-18 由中心体量导致的设计调整

过程详解

1 中心体量

制作中心体量取代中心单元，观察、评判中心体量与周边基本单元的关系，对原方案作必要的调整。

为保护遗址发掘现场，保证考古工作的顺利进行，需要在考古工作场地（中心单元）上建造带有顶部覆盖的构筑物（中心体量）。此构筑物在考古工作结束后将作为遗址展示厅使用。

中心体量以原中心单元为基面，用细木杆、白色卡纸或 PVC 模型板制作。四根立柱的高度为 32mm（4 点），水平顶面的尺寸为 56mm×56mm（7 点 ×7 点），顶面投影轮廓与基面轮廓重合。

当二维平面的中心单元转化为三维体量的中心体量后，不可避免会对原方案的形体与空间关系带来影响，故需要对中心体量与周边基本单元的关系进行观察、评判，进而对原方案作出必要的调整。

如图 2-0-18 所示，取代中心单元的中心体量与周边基本单元的关系显得局促、紧张，调整的方式可以有两种：一是将中心体量移动至空间相对更为开阔的位置；二是调整基本单元的位置，使得中心体量与基本单元之间的空间关系更为适宜。需要注意的是，无论采用何种方式，应保持原有形式秩序和空间逻辑不变。

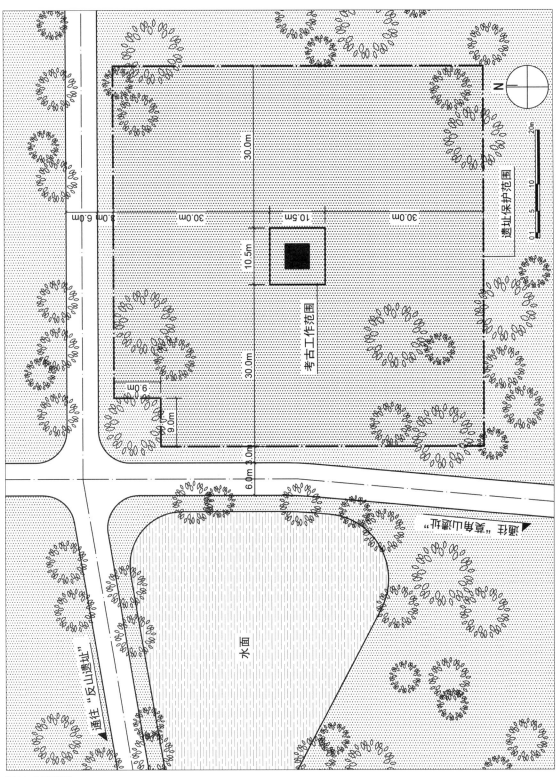

130

图 2-0-19 基地环境

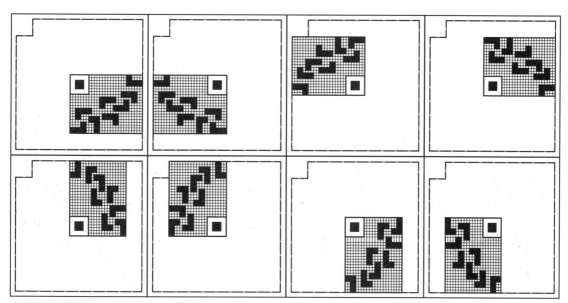

图 2-0-20 八种摆放可能

过程详解

2 环境信息

将乐高底板放入基地环境总图中，在中心体量位置确定的情况下，可对原方案进行旋转、镜像，寻求与周边环境的最佳关系。决定摆放方式后的工作营地可在西、北两个方向各设一个出入口，并与基地周边道路相接。

　　基地的原型位于浙江杭州良渚古城遗址公园内，北侧和西侧贴临道路，其中北侧道路向西通往"反山遗址"，西侧道路向南通往"莫角山遗址"。遗址保护范围是在真实环境中假想的基地，平面形态为边长 70.5m 的正方形，边长 10.5m 的正方形考古工作范围（即练习中的中心单元）居于基地正中（图 2-0-19）。与"人居"课题一致，乐高积木中的 1 点，相当于真实尺寸的 1.5m×1.5m。

　　在按比例打印的基地环境总图上摆放作为工作营地的乐高积木模型，注意中心体量必须与总图上的考古工作范围相吻合。摆放的过程中，乐高积木模型可旋转（旋转角度为 90°或其倍数）、镜像。如图 2-0-20 所示，练习中设定的遗址保护范围的大小已充分考虑各种摆放可能性，故工作营地不会超出基地范围。在摆放工作营地的过程中，另一个需要考虑的因素是出入口的设定。结合基地周边的道路情况，工作营地只能在北侧和西侧设置出入口，并与周边道路连接，而出入口的位置会对营地内外部空间的组织带来较大影响。

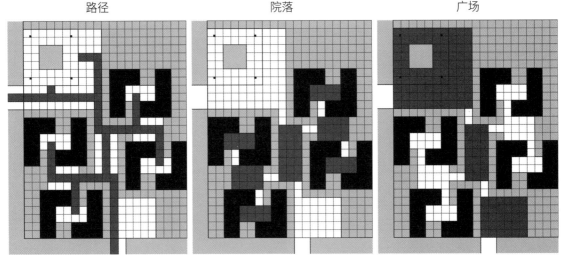

路径　　　　　　院落　　　　　　广场

图 2-0-21 外部空间元素

过程详解

3 空间组织

在上述两个步骤进行多种可能性尝试、比较并确定实体体块布局方案后，对外部空间组织进行深化。

对外部空间的深化设计通过软硬基面的区别来表达：软质基面指保留场地的原始自然基面，不做处理；硬质基面则是在原始地面上架设架空木甲板，形成可供人行走、停留、休憩、活动的场地。

练习操作中，硬质基面通过在乐高底板上覆盖白色卡纸或 PVC 模型板来表示。

外部空间元素可抽象简化为路径、院落、广场三种（图 2-0-21），通过对这三种要素的组织，在满足使用要求的同时，建立外部空间的结构与层次。路径一般为线型空间，具有方向感和流动性。院落和广场均为面状空间，不同的是，院落空间通常由建筑实体包围，尺度较小，表现出内聚性；而广场空间则相对尺度较大，呈现开放和外向的特征；当然也可能存在介于两者之间的空间状态。

外部空间设计的前置条件为上一练习步骤中设定的场地出入口，以及根据"人居"课题所确定的各个人居单元的入口。此外，通过本阶段练习，可基本明确中心体量的出入口位置，成为后续"建构"课题练习的线索。

作业示例

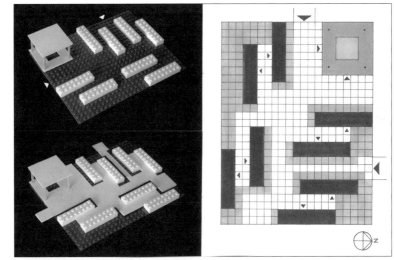

周安德 2018 级

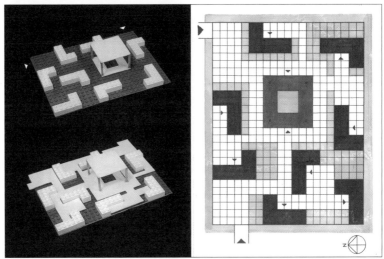

金洛羽 2018 级

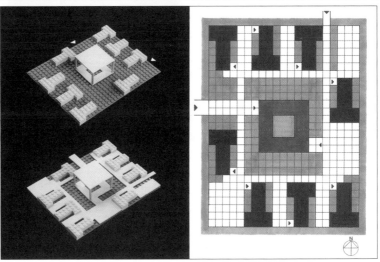

金晨晰 2018 级

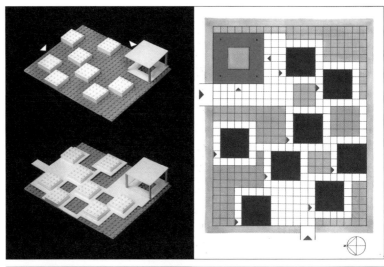

华颖 2018 级

134

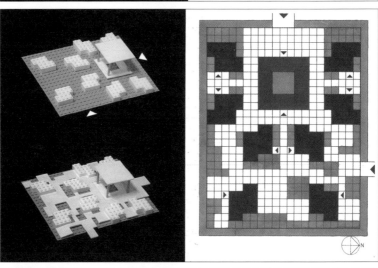

叶海丽 2018 级

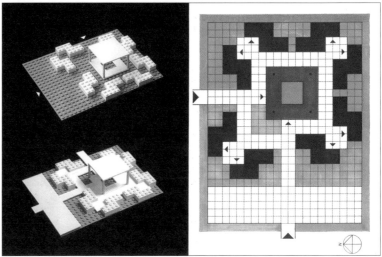

潘哲 2018 级

练习 2-0.3：演变

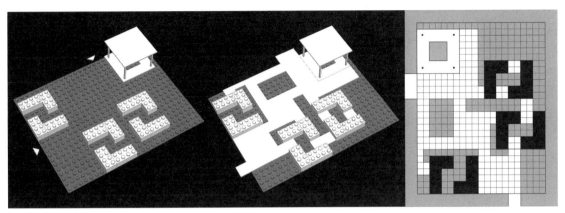

图 2-0-22 秩序·演变

任务书

练习任务

随着现场考古工作的结束，场地的使用功能由文物挖掘转向遗址展示。原本供考古工作人员临时居住的八个基本单元将拆除两个，余下六个基本单元的功能也将转换为展示、餐饮和公厕。同时，场地内增设共享单车停放处和露天餐饮场地。本阶段练习中，重点关注的是如何在原有形式秩序和空间逻辑的基础上对设计进行调整，以适应新的功能要求。（图2-0-22）

练习要点

1. 功能转换
2. 空间重组
3. 秩序演变

材料工具

1. 乐高底板：21 点 ×27 点，1 块
2. 乐高积木：2 点 ×4 点，12 个
3. 白色卡纸或 PVC 模型板：2mm 厚，若干

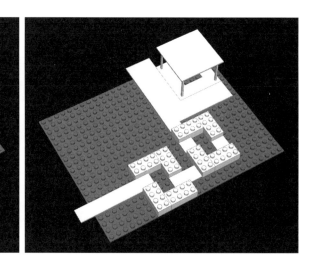

图 2-0-23 两种不同的展示模式

过程详解

1 功能转换

保留的六个基本单元承载三种功能：展示（基本单元 ×4）、餐饮（基本单元 ×1）、公厕（基本单元 ×1）。

　　本阶段的练习不是简单地拿掉两个基本单元，而是在功能、空间和秩序这三个方面进行审慎思考后对设计的调整。

　　需要注意的是：

　　四个展示单元不但要考虑相互之间的组合关系，还应与中心展厅共同形成顺畅的观展流线。图 2-0-23 中展示了两种不同的展示模式：其一，以遗址展厅为中心，四个展示单元在其周边布置，形成中心放射型的展示模式；其二，四个展示单元呈组团布局，与遗址展厅共同形成具有前后关系的线型展示模式。

　　餐饮单元的内部功能包括制作和售卖两部分，因此，要求在场地内形成两条互不干扰的路径，分别连接工作入口和营业入口。

　　公厕单元在场地中的位置则应考虑既相对独立，又便于到达。

　　练习者在本阶段练习过程中要考虑的内容包括但不限于上述因素，当然，更为细节和深入的设计将在"场所"课题中完成。

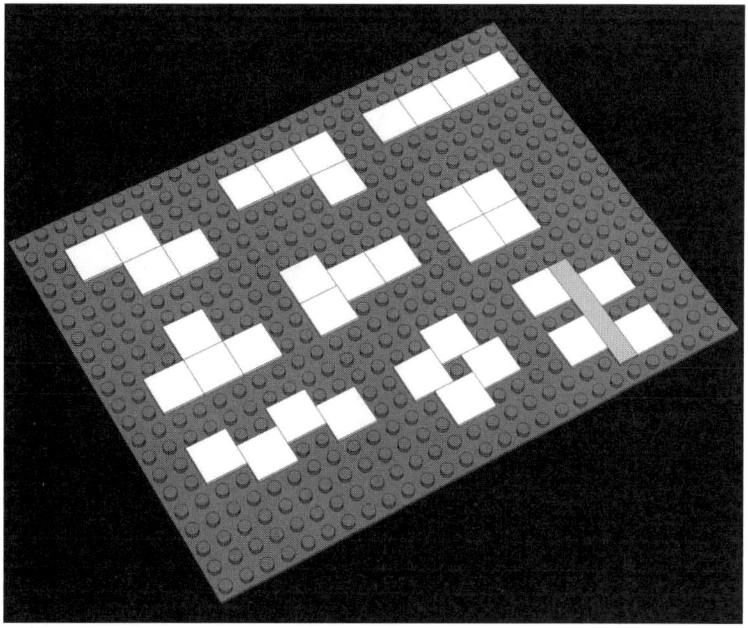

图 2-0-24 多种形态的露天餐饮场地

过程详解

2 空间重组

在出入口附近设置一处共享单车停放场地，同时在餐饮单元周边设置一处能容纳四组桌椅的露天餐饮场地。

　　拆除两个基本单元后，场地内的室外空间有所增加。与此同时，为配合新的功能，需要新设置两种室外场地。

　　在场地出入口附近设置一处共享单车停放点，大小为 2 点 ×6 点（真实尺寸为 3.0m×9.0m，可停放约 15 辆共享单车）。

　　在餐饮单元周边设置一处能容纳四组桌椅的露天餐饮场地，每组大小为 2 点 ×2 点（真实尺寸为 3.0m×3.0m，可摆放一桌四椅）。如图 2-0-24 所示，露天餐饮场地可自由组合成适宜的形态。

　　结合功能转换及设计要求，对整个场地的外部空间进行重新组织。

　　当然，本阶段的设计并非将原方案的形式秩序和空间逻辑推倒重来，而是在充分考虑前述功能和空间变化的前提下对原有秩序的调整、演变。

作业示例

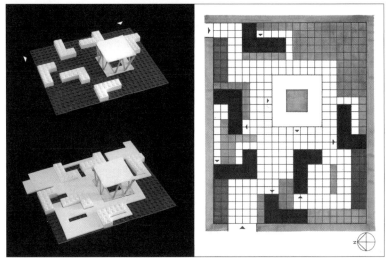

周安德 2018 级

金洛羽 2018 级

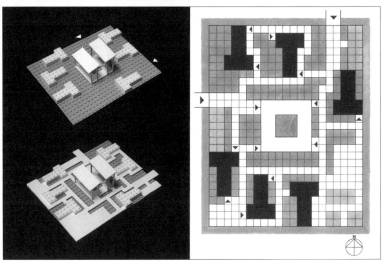

金晨晰 2018 级

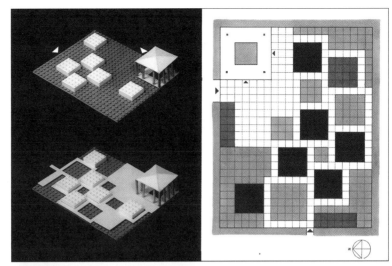

华颖 2018 级

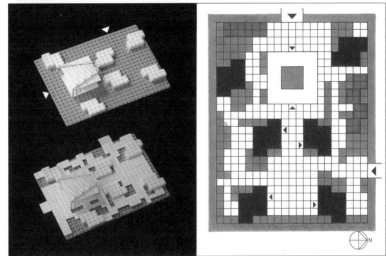

叶海丽 2018 级

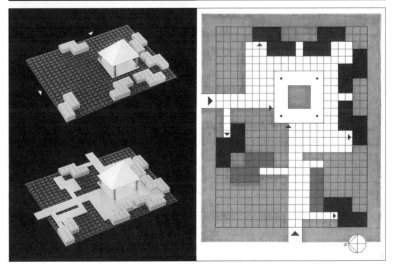

潘哲 2018 级

课题	周次	课次
2-0 秩序	01	1
		2
2-1 人居	02	1
		2
	03	1
		2
	04	1
		2
	05	1
		2
2-0 秩序	06	1
		2
2-2 建构	07	1
		2
	08	1
		2
	09	1
		2
	10	1
		2
2-0 秩序	11	1
		2
2-3 场所	12	1
		2
	13	1
		2
	14	1
		2
	15	1
		2
课程评图	16	1
		2

140

课题概述

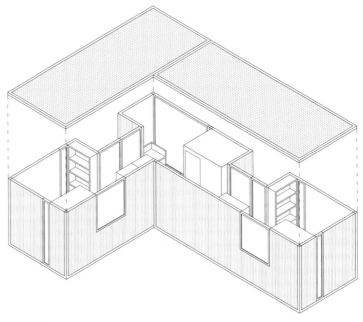

图 2-1-1 人居

教学任务

居住单元，指能容纳基本生活内容的人居活动空间。本课题要求利用工业化生产的标准尺寸的钢框架箱体，为两位考古现场工作人员设计一处临时居所。空间、家具和人居行为之间的互动关系是练习的主题。（图2-1-1）

教学要点

1. 人体尺度及生活方式是设计的主要推动力
2. 空间、家具和人居行为的互动关系
3. 功能组织与空间层级
4. 绿色建筑及其技术措施的初步概念

教学周期

4.0 周，32 课时

教学安排

第 02 周

第 1 次课（4 课时）
课内：尝试在轮廓模型内布置家具；小组讨论：家具布置模式与使用
　　　行为之间的关系。
课后：调整、完善家具布置方案。

第 2 次课（4 课时）
课内：小组讨论：功能分区与生活方式；确定功能布局方案。
课后：对空间关系进行草图分析；准备领域模型材料。

第 03 周

第 1 次课（4 课时）
课内：制作领域模型；小组讨论：空间关系与空间组织。
课后：调整、完善领域模型。

第 2 次课（4 课时）
课内：小组讨论：空间领域；结合领域模型优化家具布置。
课后：在轮廓模型上进行界面模型的初步设计。

第 04 周

第 1 次课（4 课时）
课内：小组讨论：空间界面；调整界面模型，结合通风、采光、遮阳
　　　要求细化门窗洞口形式。
课后：结合形式美感与绿色技术，进一步调整立面。

第 2 次课（4 课时）
课内：小组讨论：形式与效能；确定最终方案。
课后：开始制作设计模型。

第 05 周

第 1 次课（4 课时）
课内：制作设计模型；布置图纸要求。
课后：完成设计模型，绘制正图。

第 2 次课（4 课时）
课内：绘制正图。
课后：完成作业成果。（图 2-1-2）

轮廓模型

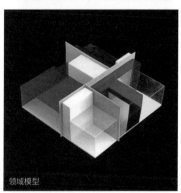
领域模型

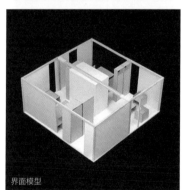
界面模型

设计模型

图 2-1-2 课题 2-1 过程模型照片

背景知识

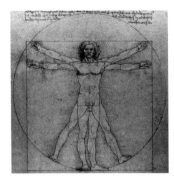

图 2-1-3 维特鲁威人，达·芬奇，约 1490

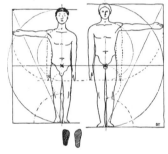

图 2-1-4 东西方男性人体比例对比，布鲁诺·陶特，1938

1 基本尺度：人体、行为、物件、空间

古希腊哲学家普罗泰格拉（Protagoras）认为，万物的存在与否和性质形态，全在于人的主观感觉，所以主张"人是万物的尺度"。这一思想把人置于世界和社会的中心，确立了人的主体地位。而"社会生物学"的开创者、美国学者爱德华·威尔逊（Edward O. Wilson）则持相反的观点，认为"万物是理解人类的尺度"。无论抱何种态度，从建筑学的角度而言，尺度就是连接人及其行为和建筑及其空间的纽带。

1.1 人体尺度

人体比例

维特鲁威在《建筑十书》中，把完美的人体与正方形、圆这两种几何原形结合起来，而列奥纳多·达·芬奇（Leonardo da Vinci）则成功地用绘画的方式将维特鲁威用文字描述的内容表现出来，完成了著名的《维特鲁威人》（Uomo Vitruviano）。（图 2-1-3）

《维特鲁威人》没有标注具体的尺寸，展示的是人体各部分之间的比例关系。进一步细究，以西方人体为标准的比例关系其实并不具备普遍性，不同人种之间存在着显著的差异。德国建筑师布鲁诺·陶特（Bruno Taut）基于日本人的身材，比较了东西方人体比例的不同。（图 2-1-4）

正确的比例关系是形成合理尺度的基础。引伸到建筑中，西方古典建筑各种柱式的差别，除了柱头、柱身、柱础等各部分的具体样式外，还包括柱高与柱径的比例关系。当然，柱式的比例本身就源自对男性和女性人体比例的模拟。

人体尺寸

建筑设计中，在把握尺度的同时，了解具体的尺寸也是必需的。

《建筑设计资料集》中详尽记录了关于人体的基本尺寸，涵盖 7 个不同年龄段、立姿和坐姿两种状态下的 37 处人体部位，数据来源于《中国未成年人人体尺寸》GB/T 26158-2010 和 2009 年中国标准化研究院采集的中国成年人人体尺寸数据库。（图 2-1-5）

标准的人体测量尺寸是近乎裸体的、静态的，不能直接作为设计尺寸，需要通过一定的程序进行转换，并留出一定的余量，包括功能修正量和心理修正量。

空间尺度

人体行为所占据的空间尺寸是确定建筑内外各个空间尺度的重要依据。即使是同一个人，在站、坐、蹲、躺、攀爬、行走、奔跑等不同姿态下，

图 2-1-5 立姿与坐姿人体

对空间三维尺寸的要求也有很大的差别。在工作与生活中，人的某一功能行为往往包含一系列动作，因此，相应的空间和物件设计要考虑的是综合的动作域，而非单一的动作。

经过长期的经验积累和科学研究，对于工作位、厕浴空间、起居空间、餐厨空间、受限作业空间、通行空间等常见活动空间的尺度，已经形成了一系列规范和标准，可直接用于指导设计。1926 年，由奥地利建筑师玛格丽特·舒特 - 利霍茨基（Margarete Schütte-Lihotzky）设计的法兰克福厨房（Frankfurt Küche）就是综合了人体工程学和科学管理理论的研究成果，精心设定空间尺度、行为流线和家具尺寸，开创了现代厨房的新模式。（图 2-1-6）

图 2-1-6 法兰克福厨房，玛格丽特·舒特 - 利霍茨基，1926

心理距离

在确定空间尺度时，除了考虑生理需求，还需把握人的心理感受。美国人类学家爱德华·霍尔（Edward Twitchell Hall Jr.）划分了四种人际交往中的心理距离，即亲密距离（0-450mm）、个人距离（450-1200mm）、社交距离（1200-3600mm）和公共距离（3600mm 以上）。当心理距离不合适时，人们会试图进行调整，以维持自身安全和情绪稳定。

1.2 《模度》

20 世纪 40 年代，勒·柯布西耶研究并发表了"一套可广泛应用于建筑和机械领域，与人体尺度关联的和谐度量标准"——模度（Le Modulor）。（图 2-1-7）

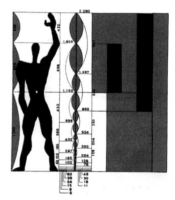

图 2-1-7 模度，勒·柯布西耶

对米制的批评

模度的诞生源于柯布西耶对"米"这一长度度量单位的批评。柯布西耶认为，当现代人以米为度量单位来设计建造房屋时，往往会导致一些怪异尺度的出现，究其原因，是因为米制与人类身体的比例尺度毫无关系。而在那些古代文明中，人们用来定量尺度、统一建造的工具通常源自人的身体。如肘尺，是肘关节到中指指尖的长度；法古尺，是脚的长度；英寸，是大拇指在指甲根部处的宽度；拃，是张开手掌后，大拇指和中指指尖间的距离。这些与人体紧密相关的度量单位，正适宜来定量供人生活的建筑空间。

几何基础

模度拥有两个几何基础，其一是直角轨迹，来自柯布西耶年轻时的一次偶然发现，后来发展到更为系统的基准控制线；其二是黄金分割，或称黄金比，其比值约等于 0.618。如果 A∶B=B∶（A+B），那么 A

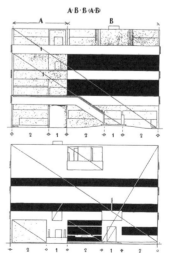

图 2-1-8 对加歇别墅立面的几何分析

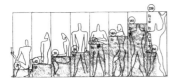

图 2-1-9 模度尺寸与身体姿态的关联

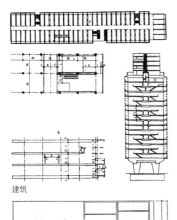

建筑

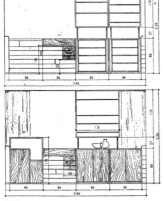

家具

图 2-1-10 马赛公寓中的模度，勒·柯布西耶，1947-1949

与 B 之间即为黄金比关系。在加歇别墅中，可以清楚地看到柯布西耶用黄金比和相互垂直的两组基准线控制立面各部分之间的关系。（图 2-1-8）

生成过程

模度的生成始于一个正方形，经过多个基于直角轨迹和黄金比的几何操作步骤，生成一个内部包含多重黄金比，外廓比例为 1：2 的矩形；再将标准身高的男性人体纳入框中，就构成了模度的雏形。

最终的模度体系由红、蓝两个系列尺寸组成，其中红色系列是以 1.13m 为基准的黄金比数列，蓝色系列是以 2.26m 为基准的黄金比数列。理论上，这两组数列是可以无限扩展的。虽然模度最终还是采用了米制，但这些尺寸无不与人的身体姿态息息相关。（图 2-1-9）

模度的应用

关于模度的应用，柯布西耶曾经如此设想：在建筑工地的墙上用铁条焊接一个基于模度的"比例格子"，作为标尺准则以及展示各种比例与相互关系的基准，泥瓦工、大木工、细木工不时来到"比例格子"处，选择他们作品的尺寸。

位于法国马赛米舍莱大街的马赛公寓（Unité d'Habitation, Marseille）是柯布西耶第一个全面运用模度设计并建成的项目。从开间、进深、层高到房间大小、家具尺寸，乃至门把手这样的细节，马赛公寓中几乎所有的尺寸都可以在模度体系中找到。（图 2-1-10）

2 功能空间：类型、功能、使用、空间

功能与空间，既密切相关，又各有规律。对建筑设计而言，探索功能与空间之间的内在联系并最终使两者达到契合的状态，是至关重要的工作。

2.1 建筑类型

为了躲避风雨、抵御寒暑、防止野兽侵袭，原始人类需要构建一个可以栖身的空间，这便是建筑的起源。穴居和巢居成为两种最早的建筑形式。随着人类聚居，建筑不仅用于解决个人或家庭的居住需求，还要满足族群乃至整个社会对公共空间的需要，于是就产生了各种类型的公共建筑。

从历史的角度来看，建筑的发展，除了建筑技术、建筑风格等方面，更突出的是表现在建筑类型的发展。这是由于随着社会生产水平的提高，创造出了新的物质和文化生活条件，催生了新的生活方式，对建筑提出了新的功能要求；而科学技术的进步，又提供了新的物质手段，从而形成了今天多种多样的建筑类型。

以使用功能和服务对象为标准，民用建筑可划分为住宅建筑和公共建筑两大类，其中住宅建筑包括独立住宅和集合公寓，而公共建筑的类型则更为纷繁多样，包括办公建筑、学校建筑、文化建筑、观演建筑、体育建筑、博览建筑、商业建筑、交通建筑、旅馆建筑、纪念建筑、餐

饮建筑、医疗建筑、宗教建筑，以及法院、监狱、公墓、景园等特殊类型的建筑。

2.2 使用功能与空间形式

按前述标准区分的每类建筑，因功能相近，在设计中存在一些普遍性的规律。一般而言，使用功能对空间形式在量、形、质方面具有制约性和规定性，但这种制约和控制存在一定的弹性。建筑设计决不是简单地把功能需求直接转化为空间形式，其间包含一个重要环节是设计者对功能需求所做出的诠释。我们可以通过历史上的一些案例来审视需求、诠释和设计这三者之间的关系，这些案例分别涉及某个建筑学的主题。

公共与私人

为了维持统一的秩序，罗马帝国制定了严格的法规来控制所有城市的建设。从城市街道、公共建筑到私人住宅的一系列空间转换表明，罗马人通过一定的规范原则，对公共与私人这两种空间属性进行诠释。

私密性、领域感和个人空间的维护是人类的普遍需求，但具体到不同的民族和社会，表现出很大的差别。这一点可以通过比较北美人、英国人和穆斯林这三种不同文化背景下的住宅外部空间布局得到证明。（图2-1-11）

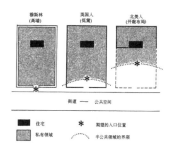

图 2-1-11 三种不同文化背景下住宅外部空间布局的比较

实用与象征

帕拉迪奥设计的埃莫别墅（Villa Emo）中，公共区域与私人领域的区分并不清晰明确，设计者把诠释的重点放在如何突显主人的社会地位上。将别墅布置在领地的中轴线上，用高大的中央体量和宽大的入口台阶进一步强调建筑的中心地位，帕拉迪奥用这些具体的设计手法烘托同一主题，即在这座为 16 世纪威尼斯贵族设计的别墅中，象征意义要高于实用价值。（图 2-1-12）

图 2-1-12 意大利韦德拉戈（Vedelago），埃莫别墅，帕拉迪奥，1555-1558

实用与象征，平衡两者或有所侧重，是设计者面对具体项目时常常要做出的选择。

房间与走廊

17 世纪英国的乡间住宅则将私人空间与公共的活动空间区分得很清楚。从罗杰·普拉特（Roger Pratt）设计的科勒希尔住宅（Coleshill House）平面图可以看到，设计师不但区分了主人和仆人的活动空间，还通过在住宅中部设置走廊的方式，将交通功能独立出来，以保证房间内的人和活动不会被来往的人干扰。（图 2-1-13）

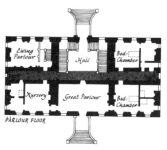

图 2-1-13 科勒希尔住宅的会客层平面

阳光与景观

20 世纪初，英国建筑师查尔斯·沃塞（Charles Voysey）绘制了采光图表，并指出，家庭生活中的各项活动最好依照采光需求进行合理安排（图2-1-14）。在设计位于温德米尔湖畔的布罗德利（Broadleys）住宅时，沃塞将这一概念付诸实现。阳光与景观左右了建筑格局，主要的居住空间被安排在了采光与视野俱佳的朝向，而次要的辅助空间则位于背侧。

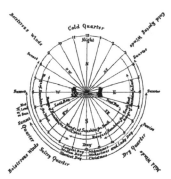

图 2-1-14 查尔斯·沃塞的采光图表

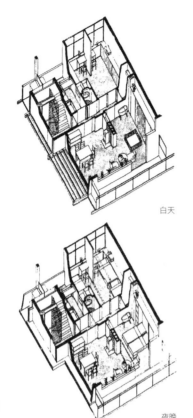

白天

夜晚

图 2-1-15 低成本工人住宅竞赛方案，约翰内斯·亨德里克·范登布鲁克，1935

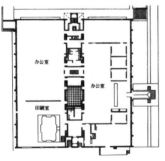

图 2-1-16 美国威斯特莫兰，论坛评论报出版社大楼，路易斯·康，1958-1961

时间与空间

苏联建筑师亚历山大·克莱因（Alexander Klein）观察记录住宅被使用的情况，并按白天和夜晚对行为和活动进行分类，希望通过错时使用的方式，探索可能的最小空间。

1935 年，荷兰建筑师约翰内斯·亨德里克·范登布鲁克（Johannes Hendrik van den Broek）在参加一个低成本工人住宅竞赛所提交的作品中，就采用了"以时间换空间"的方法，通过推拉式的隔墙和可折叠的家具，一套住宅在白天和夜晚分别呈现不同的空间状态。（图 2-1-15）

服务与被服务

美国的弗莱彻兄弟（J. & N. Fletcher）在 1946 年的一项住宅设计中，将设备与管线相对集中的厨房和卫浴作为中枢，起居室和卧室则分别布置在中枢两侧，从而对服务性空间与被服务空间进行了区分。

路易斯·康在他的设计中，多次运用区分服务性空间与被服务空间的方式来组织空间，如论坛评论报出版社大楼（Tribune Review Publishing Company Building，图 2-1-16）、理查兹医学研究实验楼（Richards Medical Research Laboratories）和索尔克生物研究所（Salk Institute for Biological Studies）。他甚至认为应该用特定的形体来标示这两种空间，服务性空间是圆柱体，被服务空间则为长方体。

上述案例及其涉及的建筑学主题，虽不够广泛和全面，但也足以说明，在功能这个大框架之下，其实给建筑师留有相当的余地，不同的诠释带来不同的设计。

另一方面，空间也具有自身的意志，并不必然由客观的功能所决定。正如康在《秩序说》（Order is）中所言：

"空间的本质反映了它想要成为的样子，
音乐厅是一把斯特拉迪瓦里小提琴
或是一只耳朵？
音乐厅是一架具创造力的乐器，
为巴赫或巴尔克调好了音，
在指挥家的指挥下演出。
抑或只是一个普通的大厅？
空间的本质是以特定方式存在的精神和意志。
设计必须紧随这一意志。"

3 气候边界：洞口、采光、遮阳、通风

建筑的气候边界一般由屋顶、外墙和地面组成，是分隔内外的边界，也是维护室内环境的外壳，故亦被称为外围护结构。气候边界上开设的门窗洞口，既供人进出建筑，也是阳光、空气等自然要素进入室内的通道，对保持室内空间的舒适性起重要作用。

3.1 界面洞口

以立方体空间为例，就围合空间的作用而言，六个界面没有本质的区别。但在地球上，受重力的影响，人对顶面、底面和垂直面的感知是不同的。如果考虑朝向，那么四个垂直面也就具有了各自的意义。

洞口

界面上开设的洞口，因位置、大小、形式的不同，会同时影响到建筑的外观形象和内部空间。程大锦在《建筑：形式、空间和秩序》一书中将此分为三类：洞口开设在界面上、洞口开设在转角处和洞口开设在面与面之间。

图 2-1-17 朗香教堂墙面上的窗洞

在柯布西耶设计的朗香教堂（Notre Dame Du Haut, Ronchamp）中，墙面上错落开设了大小不一、比例各异的矩形窗洞，阳光透过彩色玻璃打入室内，增加了神秘的气息。（图 2-1-17）

格里特·托马斯·里特维尔德（Gerrit Thomas Rietveld）在设计施罗德住宅（Schröder House）时，对二层转角处的开窗做了特别的处理。打开窗，也就将空间的角部完全打开，实现了风格派"反立方体，将空间细胞从立方体的核心离心式地向外甩"的空间理念。（图 2-1-18）

图 2-1-18 施罗德住宅的转角窗

安藤忠雄将水之教堂的背景墙处理成长 15m、高 5m 的整块透明玻璃，静谧优美的自然风景连带立在水中的十字架扑入观者眼帘，形成强烈的视觉冲击。每年 5 月至 11 月，巨大的玻璃墙会打开，室内外空间完全融为一体。（图 2-1-19）

图 2-1-19 水之教堂的室内场景

视野

洞口在引入光线，照亮室内空间的同时，也将人的视线向室外拓展。室外的景象通过洞口进入室内人的视野，然而这些景象是被选择、过滤过的，而选择器和过滤器正是洞口。

图 2-1-20 洞口与视野

一个小尺寸的洞口往往会起到景框的作用，将室外景象转化为界面上的一幅画；一个细长的竖向洞口则通过不完整的片段图像，给出室外景致的暗示；一个大型的，甚至如水之教堂般占据整个界面的洞口，可以打开室内空间，展现开阔的室外风景。（图 2-1-20）

入口

除了窗，门也是洞口的一种功能形式。

门提供进入建筑或房间的入口，并且因其在空间中的位置，对建筑或房间内人的运动线路和模式产生决定性的影响。

但门不能等同于入口。在《建筑学教程：设计原理》中，赫曼·赫茨伯格通过对一张照片的精彩描述，表明了门与入口在空间意义上的差别：

"坐在自家大门外台阶上的小男孩一定感到足够的脱离母亲的独立感，并感到对于巨大的外部不可知的冒险感和兴奋感。

"然而同时，坐在既属于街道一部分，又属于自家一部分的台阶上，他会感到很安全，因为他知道母亲就在近旁。孩子既感到是在家里，同时又感到是处在外部世界。这种双重性的存在归功于本身如同平台般的门槛的空间特性，内外两个世界在这里搭接，而不是在这里作截然的划

图 2-1-21 坐在自家大门外台阶上的小男孩

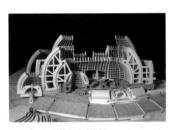

图 2-1-22 阿科桑底设计模型

分。"[1]（图 2-1-21）

3.2 绿色建筑

工业革命以来，伴随着全球经济发展的是对自然资源的无度索取和有害物质的大量排放，人类赖以生存的地球环境遭到严重破坏，生态事件频发，并愈演愈烈。对建筑界而言，将可持续发展理念融入建筑全寿命周期中，设计、建造、运维绿色建筑已成为共识，也是未来建筑发展的必然趋势。

建筑生态学

1969 年，意裔美国建筑师鲍罗·索勒里（Paolo Soleri）将 Architecture（建筑学）和 Ecology（生态学）两个单词合成为一个新词 Arcology，开创了建筑生态学理论，为绿色建筑思想奠基。

索勒里反对其老师赖特于 20 世纪 30 年代提出的"广亩城市"构想，认为无序扩张的城市正一步步吞噬地球，而分散式城市格局所导致的庞大的交通运输系统消耗了巨量能源。与此相反，他提出的集中式巨构城市模式则具有缩微化、复杂性、持续性的特征，其设计目标是：将建筑与环境的相互作用及建筑间的可接近性发挥到极致；最大程度地减少能源消耗，减少土地和天然材料的用量；尽可能减少污废物的排放，降低对环境的污染。索勒里将这些理念付诸实践，从 1970 年开始在美国凤凰城以北百余公里的荒漠中建设阿科桑底小镇（Arcosanti）。（图 2-1-22）

评价标准与评估体系

1990 年，英国建筑研究会发布的"环境评价方法（BREEAM）"成为世界上首部绿色建筑评价标准。此后，受其影响，多个国家陆续发布了与绿色建筑相关的评价标准，其中影响力较大的有美国的"能源和环境设计先导（LEED）"、日本的"建筑物综合环境性能评价体系（CASBEE）"等。2006 年，我国颁布了第一版《绿色建筑评价标准》（GB/T 50378-2006），并建立了相应的评估体系。评价标准与评估体系对于绿色建筑的规范化、标准化起到了积极的作用，使得"绿色"成为一个可衡量、可验证的概念。

绿色建筑的定义

在世界范围内，绿色建筑概念尚无统一而明确的定义。我国的 2019 版《绿色建筑评价标准》中，将绿色建筑定义为："在全寿命期内，节约资源、保护环境、减少污染，为人们提供健康、适用、高效的使用空间，最大限度地实现人与自然和谐共生的高质量建筑。"[2]

事实上，绿色建筑不是什么高级建筑的代名词，而是对建筑本来应有但缺失了的科学和技术本质的回归。所以，绿色建筑既不神秘莫测，也非难以企及，在切实解决现实问题的努力过程中，绿色建筑今天的许多内涵，将成为未来建筑正常、自然、基本的属性。

1 （荷）赫曼·赫茨伯格著，仲德崑译.建筑学教程：设计原理 [M].天津：天津大学出版社，2003：32-33.

2 中华人民共和国住房和城乡建设部主编.绿色建筑评价标准 GB/T 50378-2019[S].北京：中国建筑工业出版社，2019：2.

3.3 生态设计

基于绿色建筑理念的生态设计包含灵活的设计策略和多样的技术手段，建筑师的工作是因时因地，选择或创造性地运用其中最适宜的部分。

气候分区

气候条件往往是生态设计的出发点和落脚点。在太阳辐射、大气环流以及下垫面（海陆位置、洋流、地形）这三个自然因素的叠加作用下，造就了地球上的 12 种气候类型。面对特定的气候条件，各个地区的人群总结千万年来的经验与教训，趋利避害、因势利导，逐渐形成了适应当地气候的建筑体系。

出于使建筑更充分地利用和适应各个地区气候的目的，我国将全国划分为五类建筑气候区，分别为：严寒地区、寒冷地区、夏热冬冷地区、夏热冬暖地区和温和地区。

设计策略

将室内环境指标尽可能控制在人体舒适度范围内是建筑设计的基本目标之一。人体在某个环境中是否感到舒适，不仅取决于环境温度，还与环境湿度有关。因此，人体舒适度范围表征为一个由温湿度共同控制的区间。

生态设计的策略可以简单理解为通过生态的、有效的建筑设计手段，将自然环境指标的变化幅度压缩在一定的范围内，具体步骤依次为：首先，选择合适的建设场地；其次，设定适宜的朝向和形体；再次，采用合理的构造措施；最后，制定恰当的能源利用方案并配合正确的使用模式。（图 2-1-23）

生态设计的技术手段多种多样，涉及广泛的专业领域。本课题中，我们将从自然采光、建筑遮阳和自然通风这三个最基础的方面着手，进行生态设计的初步尝试。

自然采光

自然采光可以降低能耗，且更符合人的心理与生理需要，因而是首选的采光方式。太阳的方位角和高度角共同影响采光和日照的效果，计算日照只考虑直射光，而自然采光则包括直射光和漫射光。（图 2-1-24）

自然采光的方式分为直接采光和间接采光，当直接采光不能满足要求时，可利用反光板、导光管等构件设施获得间接采光。采光效果可以用较为精准的采光系数来判定，也可以结合室内活动的视觉工作特征，通过控制窗地面积比的方式来评估。在展厅、阅览室等一些特定的场所，不仅有照度的要求，也要考虑采光的均匀度。

建筑遮阳

当太阳辐射过于强烈时，就需要采取遮阳措施。建筑遮阳可以降低夏季室内得热，同时缓解眩光问题。将遮阳构件设置在室外一侧的遮阳方式，称为外遮阳，相对于内遮阳，外遮阳更为有效。不同的朝向有各自适用的遮阳形式。（图 2-1-25）

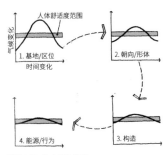

图 2-1-23 生态设计策略

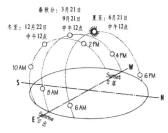

图 2-1-24 北半球太阳轨迹图

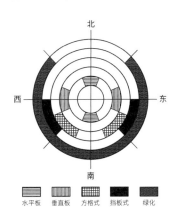

图 2-1-25 不同遮阳形式的适宜朝向（北半球）

151

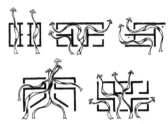
图 2-1-26 风压通风（平面）

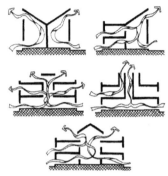
图 2-1-27 热压通风（剖面）

遮阳构件可采用金属、木材、石材、织物等各种材料，成为建筑立面中活跃的构图因素，通过开闭可活动的遮阳构件，还能使立面的虚实构成产生变化。

自然通风

自然通风是一种简单、常用的调节室内微气候的方法，在改善空气质量的同时，可以通过加速蒸发给室内降温。

组织通风时，首先要通过风玫瑰图了解当地不同季节的风向、风频、风速情况。自然通风包括风压通风和热压通风两种方式。风压通风主要通过建筑不同朝向的风压差来达成，也可利用导风翼墙、捕风器等辅助构件来加强效果，一般体现在平面设计中（图 2-1-26）。热压通风则利用了"烟囱效应"，更多地需要在剖面设计时考虑（图 2-1-27）。

参考资料

1.《建筑设计资料集（第三版） 第 1 分册 建筑总论》
中国建筑工业出版社，中国建筑学会总主编 [M]. 北京：中国建筑工业出版社，2017.
参考内容：1 建筑综述 人体尺度

2.《设计与分析》
（荷）伯纳德·卢本等著，林尹星，薛皓东译 [M]. 天津：天津大学出版社，2010.
参考内容：第 3 章 设计与使用

3.《建筑：形式、空间和秩序（第二版）》
（美）程大锦著，刘丛红译 [M]. 天津：天津大学出版社，2005.
参考内容：3 形式与空间；5 交通

4.《太阳辐射·风·自然光——建筑设计策略（原著第二版）》
（美）G·Z·布朗，马克·德著，常志刚，刘毅军，朱宏涛译 [M]. 北京：中国建筑工业出版社，2006.
参考内容：第一部分 分析技术；第二部分 设计策略

扩展阅读

1.《模度》
（法）勒·柯布西耶著，张春彦，邵雪梅译 [M]. 北京：中国建筑工业出版社，2011.

2.《建筑体验》
（丹麦）S.E. 拉斯姆森著，刘亚芬译 [M]. 北京：知识产权出版社，2002.

3.《图解绿色建筑》
（美）程大金，伊恩·M·夏皮罗著，刘丛红译 [M]. 天津：天津大学出版社，2017.

练习 2-1.1：功能布局

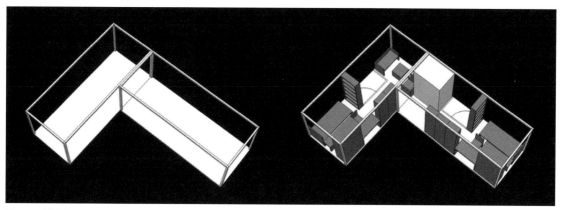

图 2-1-28 功能布局

任务书

练习任务

首先，根据上一阶段乐高积木基本单元的组合关系确定人居单元的外部形体。然后，关注由这个外部形体所决定的内部空间体量，尝试在其中根据特定对象生活行为的要求划分、组织不同的功能区块，并通过家具的合理布置使与特定功能相对应的空间领域得以确立。（图 2-1-28）

练习要点

1. 实体体块与空间体量的关系
2. 家具既是达成生活功能的器具，又是界定空间领域的要素

材料工具

1. 白色 PVC 模型板：3mm 厚，用于制作轮廓模型底板
2. 细木棍：截面 3mm×3mm，用于制作轮廓模型框架
3. 白色泡沫块：用于制作整体卫浴体块
4. 灰色卡纸：1mm 厚，用于制作家具

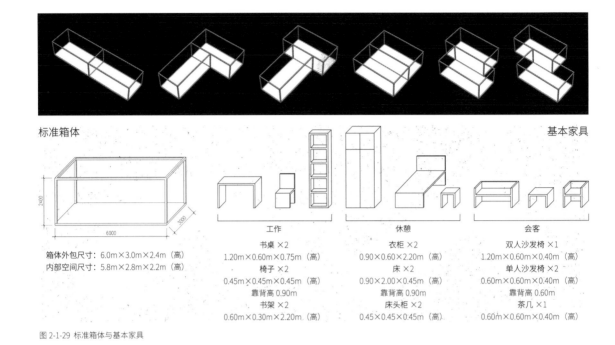

标准箱体

箱体外包尺寸：6.0m×3.0m×2.4m（高）
内部空间尺寸：5.8m×2.8m×2.2m（高）

图 2-1-29 标准箱体与基本家具

基本家具

工作	休憩	会客
书桌 ×2	衣柜 ×2	双人沙发椅 ×1
1.20m×0.60m×0.75m（高）	0.90×0.60×2.20m（高）	1.20m×0.60m×0.40m（高）
椅子 ×2	床 ×2	单人沙发椅 ×2
0.45m×0.45m×0.45m（高）	0.90×2.00m×0.45m（高）	0.60m×0.60m×0.40m（高）
靠背高 0.90m	靠背高 0.90m	靠背高 0.60m
书架 ×2	床头柜 ×2	茶几 ×1
0.60m×0.30m×2.20m（高）	0.45×0.45×0.45m（高）	0.60m×0.60m×0.40m（高）

过程详解

从确定外部形体出发，关注由实体体量所决定的内部空间。将内部空间按照生活需求划分、组织成不同的功能区块，并通过家具布置来明确空间领域。

1 轮廓模型
制作比例为 1 ：30 的轮廓模型。同时，按照任务书中的数量和尺寸要求，制作一套比例同为 1 ：30 的基本家具。（图 2-1-29）

　　每个真实标准箱体的外包尺寸为 6.0m 长、3.0m 宽、2.4m 高，扣除底板、顶板和墙面的厚度各 100mm 后，内部空间尺寸为 5.8m 长、2.8m 宽、2.2m 高。每位同学以 PVC 模型板为底板，以细木杆为框架，制作两个比例为 1 ：30 的箱体轮廓模型，制作完成的两个箱体按照秩序主题中确定的基本单元组合形式连接。轮廓模型的作用在于既能明确界定室内空间的边界，又便于在布置家具时的观察研究。
　　根据两位工作人员临时居所的定位，居住单元中的基本家具包括工作、休憩和会客三类。其中，满足工作需要的家具有两套书桌、椅子和书架；满足休憩需要的家具有两套床、床头柜和衣柜；满足会客需要的家具有双人沙发椅、茶几各一个和两张单人沙发椅。家具用灰色硬卡纸制作。在后续练习过程中，还可以对家具进行适当的修改调整。

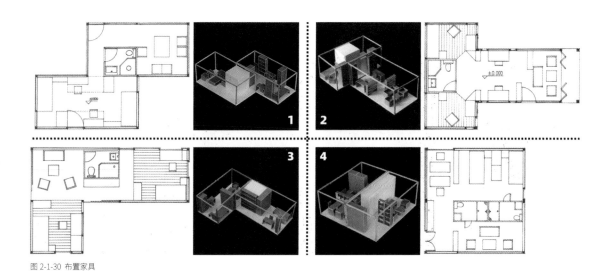

图 2-1-30 布置家具

过程详解

2 布置家具

将制作完成的基本家具和整体卫浴体块布置到轮廓模型中，这一过程首先基于生活经验和个人直觉。事实上，布置家具的同时就是对居住单元进行功能布局。（图 2-1-30）

出于简化步骤、聚焦主题的考虑，练习中无需专门设计卫浴单元，而是直接从整体卫浴产品目录中选用。选用时除了考虑尺寸，还应关注整体卫浴的开门位置和方向。

布置家具时，要考虑的内容包括：具体行为的人体尺寸要求以及使用时的合理性，如上床的位置、书桌的朝向、沙发与茶几的距离等；功能区域的合理位置，如休憩区应位于安静且不易被打扰的位置，而会客区则适于放在靠近入口或有良好景观视野的位置；公共与私密、动与静的分区，如休憩区不宜与会客区距离过近或有直接的视觉联系；空间的利用效率，避免出现过多的无法使用的"碎片空间"。

家具布置方式不存在统一的、最优的解答，家具对空间的划分和对行为的影响通常基于设计者的生活经验及其背后的社会活动逻辑。

除了给定的家具，居住单元内部不能以添加墙体等其他方式来分隔空间。调整改进后将家具固定在轮廓模型内。

练习 2-1.2：空间组织

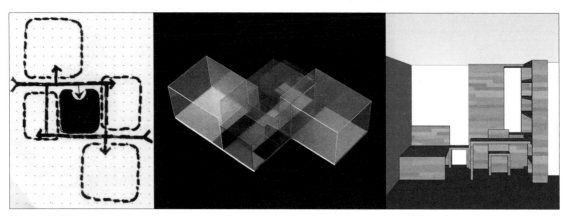

图 2-1-31 空间组织

任务书

练习任务

评判上一阶段轮廓模型对于设计任务的初步回应，内容包括：功能分区、空间划分及流线组织等。本阶段练习中最关键的是在保证功能合理的前提下，着重梳理空间关系，进而形成明确的空间组织结构。同时，在使用功能和空间组织的双重需求下，可对基本家具进行修改调整。（图2-1-31）

练习要点

1. 空间体积与空间领域
2. 功能分区与空间组织
3. 空间、家具和人居行为之间的互动关系

材料工具

1. 草图纸：A4 尺寸，用于绘制分析图
2. 彩色透明胶片：0.3mm 厚，用于制作领域模型
3. 灰色卡纸：1mm 厚，用于制作家具

分区图	泡泡图	流线图

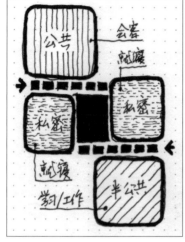 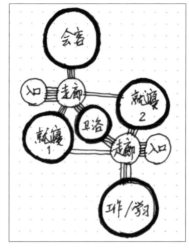 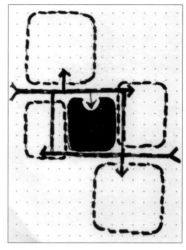

图 2-1-32 分析图

过程详解

1 讨论分析

小组讨论以下几个问题：

1）居住单元中的每种生活行为是否有特定的空间领域来支持？

2）对于不同类型的行为，是否有清晰的功能分区及空间划分？

3）不同类型的行为及相应的空间之间，是否存在清晰的组织结构？

　　讨论过程中，可以借助分区图、泡泡图、流线图等分析图作为表达想法和整理思路的辅助手段。（图 2-1-32）

　　分区图是在平面图上将整体空间根据一定的规则——如不同的使用功能或空间属性——进行划分。

　　泡泡图是用圆形泡泡示意各个空间单元，并用数量不等的线条连接这些空间单元。关系越接近、联系越密切的空间单元之间，连接线条的数量就越多。

　　流线图是将专门作为运动或联系的空间，如走道、门厅等，以线条的形式表达，分析平面中各条流线以及这些流线与空间单元之间的关系。

　　绘制分析图时可以选用草图纸、硫酸纸等透明或半透明的纸张，以便于反复修改。同时学习和积累各类符号、标注等表达方式。

　　讨论分析的目的是为了进一步梳理空间，增强设计的条理性和清晰性，进而加深对设计的理性认识。

图 2-1-33 领域分析与模型制作过程示例

过程详解

2 领域模型

在讨论分析的基础上，制作领域模型。（图 2-1-33）

1）尝试用不同颜色的透明胶片界定不同空间领域的几何边界。练习过程中，可以在同一个外轮廓内发展出几种不同的空间领域组织结构，并藉此探讨由空间贴邻、交叠、穿插所导致的空间多义性。

2）选择一种空间领域组织结构，以功能需求为基础，确定空间界面的开合状态，并由此研究各个空间领域的尺度感、方向性、围合度等特征，以及与相邻空间领域的关系，进而获得整体的空间形式逻辑。

    制作领域模型时要注意透明胶片的色彩搭配和内外顺序。

    根据空间关系的层级选用三到五种颜色的透明胶片，不宜过多，过多会使领域模型显得杂乱。尽量选择透明度高、颜色鲜亮的胶片，以保证胶片叠加后能保持清晰的层次感。

    以胶片围合的体块是用明确的三维形体将空间体量实体化，但胶片体块的高低并不表示实际的空间高度，而是反映空间的层级。一般来说，体块越高说明该空间被界定得越清晰，或者说空间等级越高，反之则说明该空间被感知度和等级越低。在制作过程中，尽量将深色胶片用于模型的内部，浅色胶片用在外部，这样有利于层次感的表达。

    本练习步骤着重训练的是抽象空间及其组织关系的具象表达。

例 1

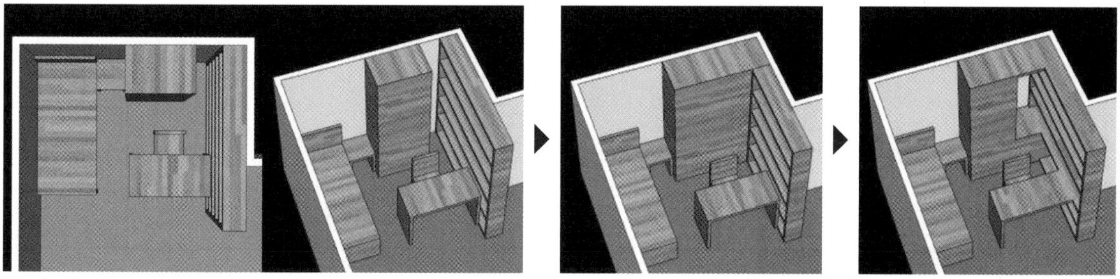

例 2

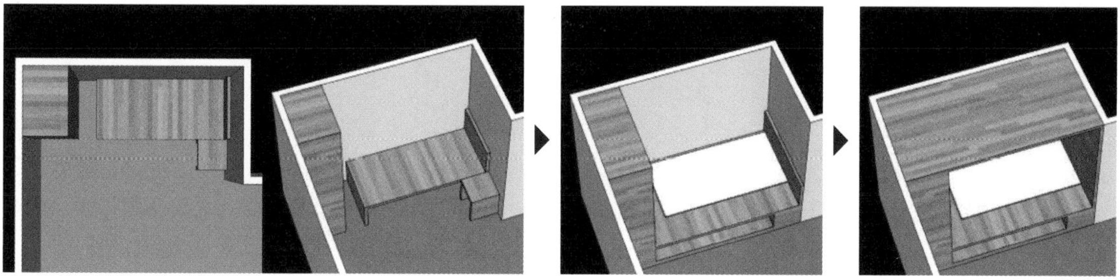

图 2-1-34 家具设计

过程详解

3 家具设计

本阶段练习的最后，可以对部分家具进行个性化设计，包括改变样式或调整尺寸。个性化设计的目的在于使家具更符合使用的需要，更契合空间的尺度，或更好地界定空间。（图 2-1-34）

　　经过之前练习步骤的家具布置和空间梳理后，方案中难免还会有一些不尽如人意之处。其中，基本家具因数量和尺寸的限制，会出现与空间无法完美契合的情况，从而产生一些细碎且无法利用的空间。在进一步的设计中，可以通过改变家具的形状、尺寸和组合方式来达到消解、整合细碎空间，提升空间效能的目的。

　　例 1 中，通过改变衣柜和书架的长度，将原本独立的三个家具连接为一个整体；拉通处在同一高度的写字台台面和书架隔板，形成方便各种物件和书籍灵活摆放的平面；进一步改变家具的局部形状，留出接下来可以开设窗口的外墙面，为此处空间带来采光。这一系列操作通过对家具的个性化设计，提升了该区域的空间使用率和趣味性。

　　例 2 中，处理床与衣柜之间狭小空间的方式是直接将两者合成一体；加宽床与衣柜以契合此处空间的尺寸，在保留床头柜功能的同时增加了额外的储藏空间；加高床头靠背并增添同材质顶面，形成"空间中的空间"，营造一处有较强独立性和私密度的个人休憩空间。

练习 2-1.3：界面围合

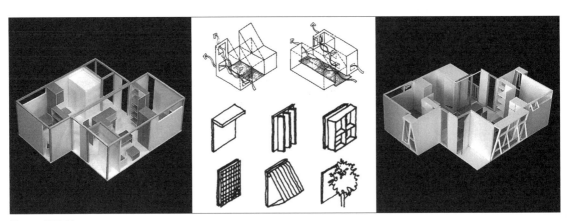

图 2-1-35 界面围合

任务书

练习任务

在上一阶段领域模型的基础上，通过界面模型的制作，进一步研究外界面的开闭状态对于室内空间的影响。同时，还应考虑外界面上的门窗洞口与采光、遮阳、通风以及视线之间的关系。初步建立绿色建筑的概念，并将适宜的生态设计技术措施运用到设计中。（图 2-1-35）

练习要点

1. 建筑外界面的开闭状态对室内空间的影响
2. 门窗洞口与采光、遮阳、通风、视线的关系
3. 绿色建筑概念及生态设计技术措施

材料工具

1. 白色卡纸或 PVC 模型板：厚度不限，用于制作界面模型
2. 卡纸或 PVC 模型板：黑白灰三色可选，2mm 厚，用于制作设计模型外界面
3. 木板或卡纸：白灰两色可选，1-1.5 mm 厚，用于制作设计模型内界面及家具
4. 透明亚克力板或塑胶片：1mm 厚，用于制作设计模型中透明部分

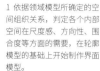
1 依据领域模型所确定的空间组织关系，判定各个内部空间在尺度感、方向性、围合度等方面的需要，在轮廓模型的基础上开始制作界面模型。

2 关注光照、通风、视线的要求，选用适宜的生态设计技术措施，如导风、遮阳等，深化外围护结构设计。

3 制作设计模型。

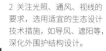

轮廓模型

领域模型

界面模型

光照　通风　视线

生态设计

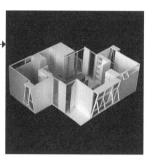

设计模型

图 2-1-36 练习步骤

过程详解

本阶段练习包括三个步骤：制作界面模型、引入生态设计技术措施、制作设计模型。（图 2-1-36）

161

1 界面模型

在轮廓模型的基础上，添加垂直外界面，制作界面模型。决定外界面开合状态的首要依据是内部空间在尺度感、方向性、围合度等方面的需要；同时，应关注采光、遮阳、通风、视野以及私密性的要求；最后，考虑整个外立面的统一协调。

　　制作界面模型时，可先用草图纸封闭界面，以便于推敲、修改，待方案初定后再用 PVC 模型板制作更为精确的模型。采用加法的方式，有助于在外界面的设计过程中首先聚焦于其对内部空间的围合、界定作用。

　　外界面上门窗洞口的开设须结合相关区域的使用功能，如：应在写字台附近的合适位置开设窗口，利用天然采光保证桌面有足够的照度，以支持阅读和工作行为的实现；会客区域门窗洞口的尺寸可大一些，在引入充足光线，形成通透视野的同时，增加空间的开放度；就寝区域和卫生间等强调隐私的空间，应当减少开窗面积并防止视觉干扰。

　　作为小体量的临时居住建筑，人居单元的外立面风格应着重于实用、简洁、统一，避免过于繁复和过度装饰，具体可采用统一模数、协调形状、对齐位置等手法。

附加构件包括

遮阳构件：遮阳板片、百页、格栅等
通风构件：导风翼墙、导风井道等
其他构件：凸窗、天窗、入口雨棚等

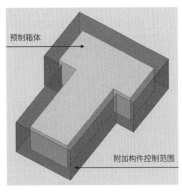

图 2-1-37 附加构件控制要求

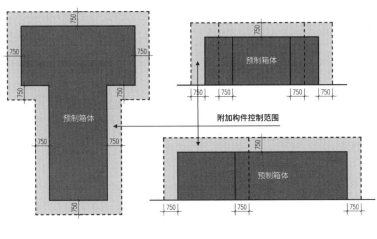

附加构件控制

范围：附加构件超出预制箱体外轮廓部分的尺寸控制在 750mm 以内。
面积：附加构件超出预制箱体外轮廓部分的水平投影面积之和不得超过 3.6 m²。

过程详解

2 生态设计

初步建立绿色建筑的概念，选用适宜的生态设计技术措施，如导风、遮阳等，深化外围护结构设计。因技术措施需要，可在人居单元上附加一些必要的建筑构件，但附加构件的数量和尺寸应控制在一定范围内。（图2-1-37）

练习中的生态设计重点关注在基地所处的夏热冬冷地区重要且常用的设计策略与技术措施：自然通风和建筑遮阳。

考虑到人居单元是单层小体量建筑，利用大气运动产生的风压通风是形成自然通风的主要方式。设计时首先应确定所在地的夏季主导风向，将夏季主导风向作为设计条件是因为夏热冬冷地区在夏季和过渡季利用自然通风降温的生态效应较佳。确定主导风向后，通过调整可开启外窗在迎风面和背风面上的开设位置和窗洞大小组织良好的通风路径，保证室内的主要空间有适宜的气流通过。此外，采用合理的窗扇开启方式或设置导风翼墙也是加强自然通风的有效措施。

建筑遮阳建议采用效果更好的外遮阳，具体形式根据朝向可以是板片、百页、格栅等。遮阳构件会对建筑立面造型产生一定影响，需谨慎选择、精心构思、整体考虑，力求设计风格的一致性。

练习中需要明确的是：绿色生态不是简单附加在建筑外表上的"贴皮"技术，而是坚固、实用、美观之外，建筑的本质要求之一。

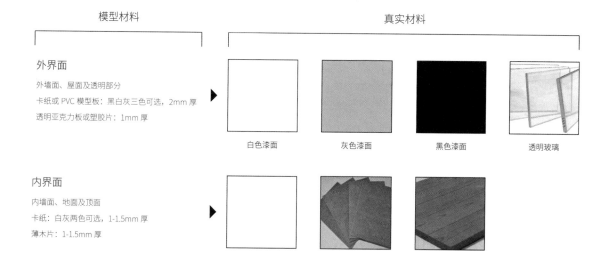

图 2-1-38 模型材料与真实材料

模型材料 | 真实材料

外界面
外墙面、屋面及透明部分
卡纸或 PVC 模型板：黑白灰三色可选，2mm 厚
透明亚克力板或塑胶片：1mm 厚

白色漆面　　灰色漆面　　黑色漆面　　透明玻璃

内界面
内墙面、地面及顶面
卡纸：白灰两色可选，1-1.5mm 厚
薄木片：1-1.5mm 厚

白色漆面 I 白色涂料　　水泥地面 I 水泥饰面板　　木地板 I 木板 I 木饰面板

过程详解

3 设计模型

完善并确定各部分细节后，开始制作比例为 1∶30 的最终设计模型。

　　设计模型中可以选用任务书中指定的多种材料，以模型材料指代真实环境中的建筑材料。（图 2-1-38）

　　外界面部分，黑、白、灰三色硬卡纸表示施以不同颜色面漆的墙体材料；透明亚克力或塑胶片表示玻璃，如有必要，也可以在亚克力或塑胶片表面粘贴半透明膜，用以表示半透明的磨砂玻璃或压花玻璃。

　　内界面部分，白色硬卡纸表示白色涂料或漆面；表面略粗糙的灰卡纸表示水泥地面或水泥饰面板；薄木片表示木地板、实木板或木饰面板。

　　材料种类的选用并非越多越好，根本目的还是通过材质的区分进一步界定空间，营造空间氛围。例如，就寝空间地面选用木地板，会客空间地面选用水泥，既可以区分私密和公共两种属性的空间，也符合生活习惯。

　　设计模型中，地面、墙体、屋面用内外界面两种材料叠加制作。门窗、附加构件等制作必要的细节，以表达设计内容。

　　练习过程中，及时按要求拍摄框架模型、领域模型、界面模型、设计模型等各阶段模型的照片，作为作业成果的一部分。

练习 2-1.4：设计表达

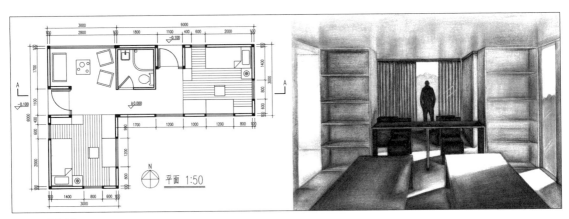

图 2-1-39 设计表达

任务书

练习任务

绘制居住单元的平立剖图，相较于以往作业，本练习在建筑制图的规范性方面有进一步的要求；绘制局部详图，以表达生态设计细节；运用透视法求得精确的室内透视，并以单色渲染的方式来表现室内空间。（图2-1-39）

练习要点

1. 技术图纸的制图规范要求
2. 建筑各个部位的表达方式
3. 单色渲染技法

材料工具

1. 绘图纸
2. 铅笔、针管笔、炭笔（可选）、炭粉（可选）
3. 尺规工具

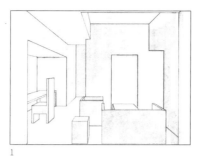
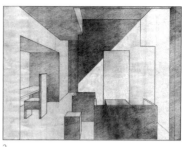

渲染步骤

1 绘出线描稿；利用模型研究光影关系；绘制小稿草图推敲。

2 区分亮部和暗部。

3 区分五个调子：暗面与阴影；受光面与次受光面；不同远近的面。

4 细部调节；渐变渲染。

图 2-1-40 渲染步骤

过程详解

1 绘图次序

排版：铅笔淡细线确定各图的位置和范围，注意对齐。

底稿：铅笔淡细线画出各图内容及细节。

正稿：针管笔加深线条，注意根据所要表达的内容控制线条的粗细浓淡。

2 平面图、立面图、剖面图

图纸比例为 1：50。

平面 ×1：要求标注两道尺寸，标注室内外标高；

立面 ×2：绘制模型照片中未表达的两个立面，标注标高；

剖面 ×1：选择最能表达空间变化的位置剖切，绘制剖面，标注标高。

梁柱截面尺寸为 100mm×100mm，顶、墙、地的厚度均为 100mm。

3 详图、大样

绘制与生态设计技术措施相关的局部详图或细部大样。

4 室内透视

观察模型，选择合适视角，求取人居单元的室内透视；在绘图纸上拓印求得的透视；用灯光照射模型研究光影关系，以照片记录并作为渲染的参考；选择铅笔或炭笔、炭粉，渲染表现室内空间。（图 2-1-40）

作业示例

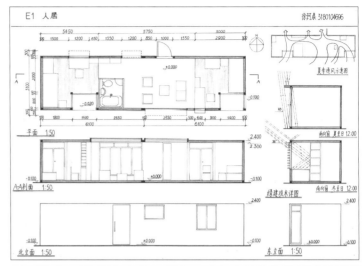

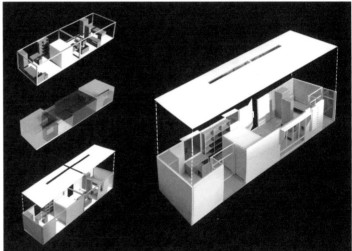

徐珂晨 2018 级

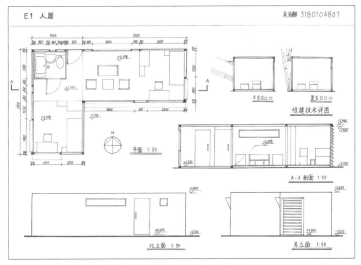

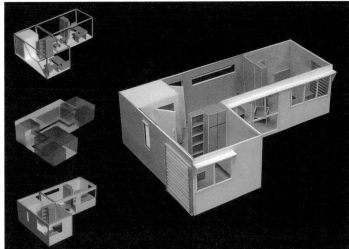

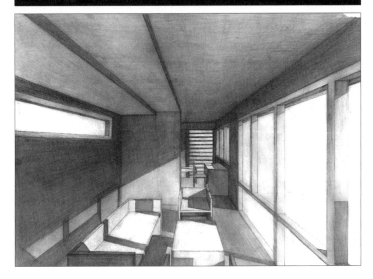

吴浩麒 2018 级

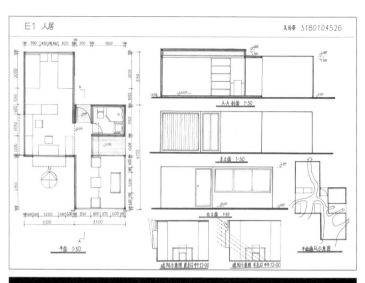

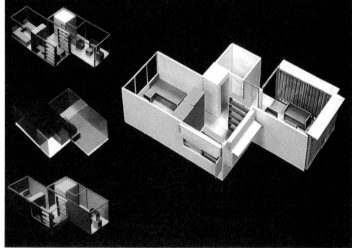

吴玲姿 2018 级

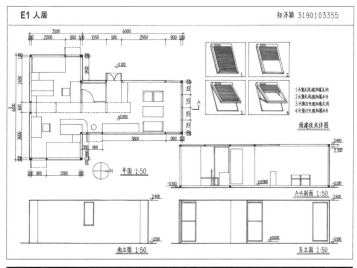

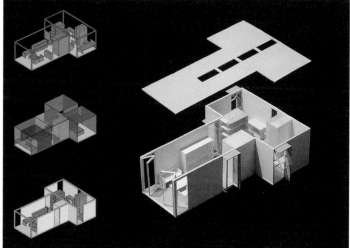

郑泽颖 2019 级

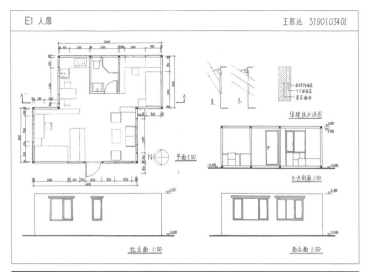

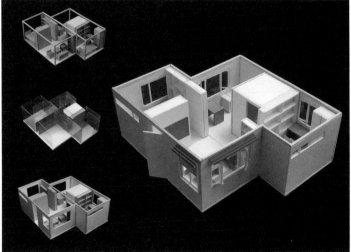

170

王陈远 2019 级

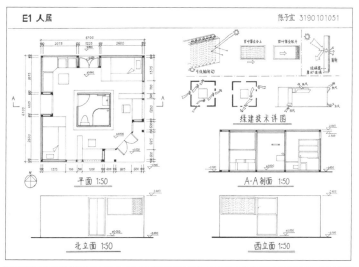

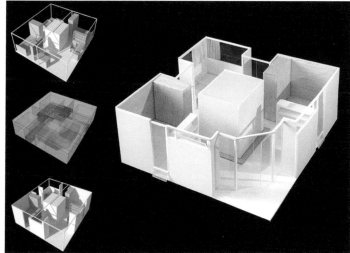

陈子宜 2019 级

课题	周次	课次
2-0 秩序	01	1
		2
	02	1
		2
2-1 人居	03	1
		2
	04	1
		2
	05	1
		2
2-0 秩序	06	1
		2
2-2 建构	07	1
		2
	08	1
		2
	09	1
		2
	10	1
		2
2-0 秩序	11	1
		2
2-3 场所	12	1
		2
	13	1
		2
	14	1
		2
	15	1
		2
课程评图	16	1
		2

课题 2-2

建构

课题概述

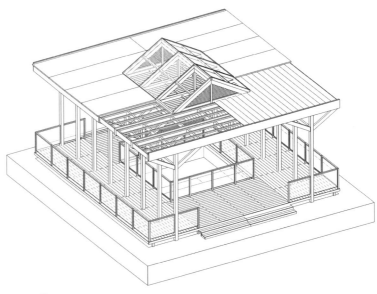

图 2-2-1 建构

教学任务

简单地理解建构就是：建筑是如何被建造起来的？这里面主要包括了结构、构造和材料三方面的内容。

本课题通过遗址展示厅的设计，探讨空间与建构之间的互动关系。其中，结构的作用不仅在于提供安全可靠的建筑框架，还可被视为一种空间界定的要素；而构造则关注材料、构件的组合关系，不仅要保证建筑在物理层面的舒适性，而且通过知觉体验在心理层面影响人们对空间的感知。（图 2-2-1）

教学要点

1. 结构、构造与建构的概念
2. 空间与结构
3. 覆盖与构造

教学周期

4.0 周，32 课时

教学安排

第 07 周

第 1 次课（4 课时）
课内：初步尝试搭建概念模型；小组点评。
课后：制作概念模型。

第 2 次课（4 课时）
课内：小组讨论：结构概念与空间关系；修改、调整概念模型。
课后：完成概念模型；草图分析结构受力状态。

第 08 周

第 1 次课（4 课时）
课内：小组讨论：结构受力状态与结构构件规格；开始制作结构模型。
课后：制作结构模型。

第 2 次课（4 课时）
课内：小组点评结构模型；修改、完善结构模型。
课后：完成结构模型；考虑顶面覆盖的材料构造。

第 09 周

第 1 次课（4 课时）
课内：小组讨论：顶面覆盖的材料构造；开始制作构造模型。
课后：制作构造模型。

第 2 次课（4 课时）
课内：小组点评构造模型；修改、完善构造模型。
课后：完成构造模型；开始制作设计模型。

第 10 周

第 1 次课（4 课时）
课内：制作设计模型；布置制图要求。
课后：制作模型，绘制图纸。

第 2 次课（4 课时）
课内：制作模型，绘制图纸。
课后：完成最终作业成果。（图 2-2-2）

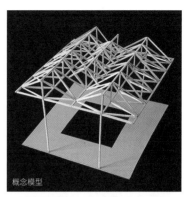
概念模型

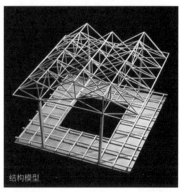
结构模型

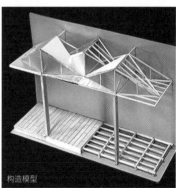
构造模型

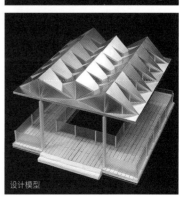
设计模型

图 2-2-2 课题 2-2 过程模型照片

背景知识

虽然建筑设计的成果呈现为图纸、模型、电子文档等虚拟的状态，但其最终目的是指导实物化的建造，并真正实现空间所需的物理属性。因此，在建筑设计中无法忽略如何建造的问题，甚至可能会将建造问题作为重要的切入点，这就导向对"建构"概念的理解。

简单来说，建构就是解答建筑是如何被建造的问题，这里面主要包括了材料、结构和构造三方面的内容。但是在讨论建构时往往还有其他方面的内涵，比如因材料、结构与构造形成的表现形式，甚至涉及对于文化问题的探讨。

图 2-2-3 美国加利福尼亚圣莫尼卡，伊米斯住宅，查尔斯·伊米斯与蕾·伊米斯，1948

1 建筑材料

作为人工产物，建筑的物质基础便是各种各样的建筑材料。

从来源区分，建筑材料包括天然材料和人造材料。远古的人类从自然中寻找土、石、木等可用于建造的材料，不过即便是这些天然材料，仍不可避免地需要对其进行适当的物理加工，比如按照需要的几何形状和尺寸进行切割。随着时代发展，钢铁、玻璃、水泥、塑料等人造材料被不断发明出来，这些建筑材料的共同特点是需要改变原料的化学属性。

按照化学属性，建筑材料可分为无机材料和有机材料两大类。前者有金属、砂石、砖瓦、玻璃、石灰、石膏、水泥、无机纤维材料等；后者则包括木、竹、沥青、塑料、合成橡胶等。此外，诸如聚合物混凝土、钢筋混凝土、有机涂层铝合金板这样的复合材料也常用于建筑中。

各种建筑材料因其本身的特性被用于建筑的不同部位，承担相应的功能，根据使用目的和功能，我们可以将它们简单分为结构材料和功能材料。

1.1 结构材料

建筑物的可靠度与安全度，主要取决于结构材料组成的构件和结构体系，而具备相似或相异力学特性的各类结构材料总会与某种适合材料本性的结构形式及建造技术相关联。

砌筑：石与砖

石材因密度大、硬度高而具备较强的抗压性能，是人类最早用于建筑的材料之一。根据成因，天然石材可分为火成岩、沉积岩和变质岩三类，花岗石、石灰石和大理石分别是三类石材中最常用的。经不同的表面处理，石材会呈现多样而自然的肌理和花纹，故亦常被用作饰面材料。

早在秦汉时期，中国人就掌握了成熟的制砖技术，故有"秦砖汉瓦"

之说。传统的黏土砖以黏土为主要原料，经泥料处理、成型、干燥后焙烧而成。近年来，出于保护土地资源的目的，以煤矸石、粉煤灰、矿渣等工业废料为原料的非烧结砖和砌块得到广泛使用，以替代黏土砖。

当石与砖用作结构材料时，最常见也是最符合材料特性的做法是以单元砌块的形式，借助粘结材料砌筑成墙、柱、拱等承重构件。

浇筑：土与砼

夯土一般选用石灰浆、河沙和红壤土三种原料按一定比例混合而成的三合土，生土经夯实后筑成起承重作用的墙体。作为一种传统的建筑材料，夯土具有就地取材、施工简易、造价低廉的优点，但也在抗震、耐久、空间灵活性方面存在缺陷。借助科学技术，经改良与创新后的夯土材料的性能有了显著提升，越来越多地出现在了现代建筑中。

混凝土是一种复合材料，由水泥、细集料（砂子）、粗集料（石子）和水按一定比例混合搅拌而成。凝固结硬后的混凝土具有与天然石材相近甚至更优的性能，也被称为人工石——砼。内配钢筋的钢筋混凝土优化集成了两种材料的力学性能，是目前应用最广泛、使用量最大的结构材料。

夯土与混凝土的施工方式相似，都是利用模子成形，尤其是混凝土，因其初始状态为半流体状，所以具有很强的可塑性，可以浇筑成杆件、面板、体块等各种形态的结构构件。

构筑：钢与木

钢是一种工业化程度很高的建筑材料，例如，在伊米斯夫妇（Charles Eames and Ray Eames）设计的住宅中，用到的所有结构构件都是从工业建筑产品的样品目录中挑选出来的标准钢材（图 2-2-3）。相较于其他结构材料，钢材具有强度高、构件尺寸小、连接方便可靠、施工周期短、可回收利用的综合优势。

木材是优质的天然材料，被用作结构材料的历史悠久、地域广泛。木结构用材分为原木、锯材和胶合材三类。其中胶合材经人工处理和加工后性能得到改良，较好地解决了耐火、耐候、防蛀问题，且材质均匀，内应力小，不易开裂变形。

钢与木具有类似的材料特性，适合以杆件的形式构建框架式的结构体系。在构件的连接上，钢材有焊接、栓接、销接等几种方式；精巧而多样的榫卯是木材最富特色的连接方式，凝聚了无数工匠的智慧。

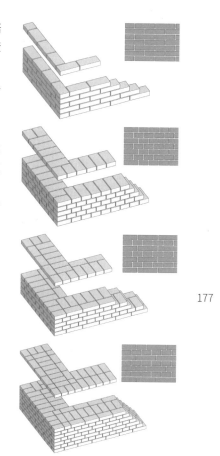

图 2-2-4 砖的砌合方式与立面外观

177

图 2-2-5 日本熊本县熊本市，终极木屋，藤本壮介，2006-2008

图 2-2-6 瑞士苏黎世，Tamedia 新办公大楼，坂茂，2013

图 2-2-7 日本爱知县，GC齿科博物馆研究中心，隈研吾，2010

图 2-2-8 荷兰阿姆斯特丹，水晶屋（Crystal Houses），MVRDV 建筑事务所，2016

1.2 功能材料

建筑物的使用功能与建筑品质，主要取决于建筑功能材料。随着社会发展和生活方式的转变，建筑功能日渐复杂、多样，人们对建筑品质的要求也日益提高，于是各种功能材料不断地被开发出来，特别是 19 世纪中期以后，材料科学的发展使可用于建筑的材料种类迅速增长。

按使用目的划分，建筑中常用的功能材料主要有防水材料、保温隔热材料、隔声吸音材料、饰面材料等几大类。其中，防水材料包括改性沥青卷材、合成高分子卷材与涂料、金属板材、防水混凝土等；保温隔热材料包括（挤塑）聚苯乙烯泡沫塑料、聚氨酯薄膜塑料、泡沫玻璃、憎水膨胀珍珠岩等；隔声吸音材料包括岩棉、玻璃棉、穿孔板等；饰面材料包括面砖、涂料、织物等专用材料和金属、木材、石材等兼用材料，视觉、触觉等直观感受是选择饰面材料时主要考虑的材料属性。

玻璃因其透明的特性被广泛应用于建筑的各个部位，成为一种不可替代的、特别的建筑功能材料。在普通玻璃的基础上，为满足安全、防火、节能、装饰等附加需求，人们还开发了钢化玻璃、夹胶玻璃、防火玻璃、中空玻璃、低辐射（Low-E）玻璃、丝网印刷玻璃等特种玻璃。

1.3 材料使用

建筑设计中，对材料的使用，既不能违背材料的本性，也应保有主动创新的精神。

路易斯·康虚构的一段与砖的对话，表达了建筑师对材料应有的尊重。当然，对材料最大的尊重就是充分地了解其物理和化学属性，并最大化地利用这些属性。首先，一种具体材料可能兼有多种功能或同时承担多种功能。例如，当我们采用清水砖墙的做法时，砖既作为结构材料起承重作用，又是决定建筑外观的装饰材料，具体的砌合方式同时影响到结构的可靠度和外观的图案样式（图 2-2-4）。其次，即使是一种材料用于一种功能，也可能存在多种解决方案。三位日本建筑师的三个作品，展示了木材作为结构材料的三种可能性。在终极木屋中，藤本壮介将截面尺寸为 350mm×350mm 的木方错落垒叠，以类似砌块的方式建构了一处颇具实验性的居住空间（图 2-2-5）；在 Tamedia 新办公大楼中，坂茂以木头为柱、梁，创新运用榫卯连接方式，架构了瑞士最大的全木结构建筑（图 2-2-6）；在 GC 齿科博物馆·研究中心中，隈研吾借鉴飞驒高山流传下来的木制玩具"千鸟"的系统，用 60mm×60mm 小截面木材，在不使用钉子和黏合剂的情况下，形成整个建筑的结构体系（图 2-2-7）。

除了掌握成熟的材料用法，富有创新精神的建筑师常常会打破人们的固有认知，挖掘传统材料的新型用法。MVRDV 建筑事务所在一个老建筑改造项目中，用玻璃块代替红砖砌筑墙体，使建筑立面在保有砖块肌理的同时又能呈现晶莹剔透的通透效果（图 2-2-8）。日本建筑师坂茂的做法更大胆，他将纸这种人们眼中柔软脆弱的日常用品引入建筑，以纸筒为结构材料，建造了包括 2000 汉诺威世博会日本馆在内的大量"纸建筑"（图 2-2-9）。

材料作为建造行为的直接操作对象，其具体的使用目的和本身的性
能属性决定了它相应的加工方法、施工工艺和使用方式，从而和结构、
构造直接相关。

2 结构体系

结构体系是一个由一系列构件组成的稳定整体，可以承受荷载与自
重，并将其逐步传递最终释放到地面。从整体到各个构件，结构体系经
分析、计算、设计而最终建造实施，并在建筑正常使用过程中，保证每
个部位的应力均在允许范围内。

2.1 基本原理

建筑最基本的目标是为人的生存与活动提供空间，这需要通过物质
形态的塑造来实现。

受重力影响，人类活动主要在水平面上展开，这就要求空间的围护
在水平方向上有相应的延伸。问题是，围护空间的物质同样受到重力在
竖直方向上的牵引，势必会阻碍空间的伸展。人对空间在水平方向的需
求和重力在竖直方向上的牵制产生矛盾，解决这一矛盾就是建筑结构的
成因之一，而解决方法就是改变力的方向。具体而言，通过结构将竖直
作用的重力转换为水平方向，并沿所需空间体量的边界传递至地面。

另一方面，人类活动同样对空间的高度提出要求，并且为了提高土
地利用率，还希望空间能在高度方向上进行叠加。增加了高度的空间势
必会让围护部分承受更大的水平向风荷载，从而威胁到空间体量的几何
形状。化解空间在高度上的需求与风荷载在水平向的威胁之间的冲突，
正是建筑结构的第二个成因。所以，结构的功能还包括将水平方向的作
用力改向为竖直方向，并传导至地面。（图 2-2-10）

简而言之，建筑结构的成因与本质就是力的改向，运作过程为接受
荷载——传递荷载——释放荷载。

2.2 体系分类

在《结构体系与建筑造型》一书中，海诺·恩格尔（Heino Engel）
从力的改向机制出发，按照形态对力的调整、向量对力的分解、截面对
力的约束、面对力的分散，以及荷载在高度方向上的汇集与达地（图
2-2-11），将建筑结构分为五大家族。

形态作用结构体系

通过特定的形态设计和特有的形态稳定来实现体系内的力的改向。
结构构件为可挠曲、非刚性物质，结构类型包括悬索结构、帐篷结构、
气囊结构和拱结构。

向量作用结构体系

通过向量分解，以各单一力的多向分化来实现体系内的力的改向。
结构构件为短而坚固的直线杆件，结构类型包括平面桁架、传导平面桁架、

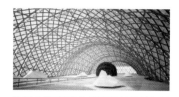

图 2-2-9 德国汉诺威，2000 世博会日本馆，坂
茂，2000

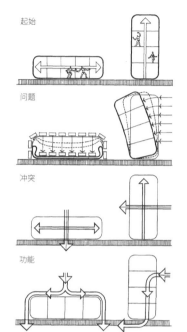

起始

问题

冲突

功能

图 2-2-10 建筑结构的成因与功能

179

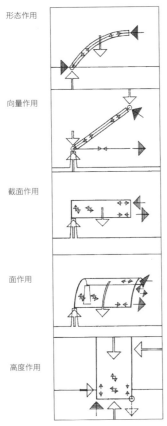

形态作用

向量作用

截面作用

面作用

高度作用

图 2-2-11 力的改向机制

180

图 2-2-12 美国洛杉矶，华特·迪士尼音乐厅，弗兰克·盖里，2003

图 2-2-13 瑞士苏黎世角，海蒂·韦伯展厅，勒·柯布西耶，1967

曲桁架和空间桁架。

截面作用结构体系

通过引发截面内部力来实现体系内的力的改向。结构构件为刚性、坚硬的线形或面状组件，结构类型包括梁结构、框架结构、交叉梁结构和板结构。

面作用结构体系

通过面抵抗及特殊的面形态来实现体系内的力的改向。结构构件为可挠曲但刚性的面，结构类型包括墙板结构、折板结构和薄壳结构。

高度作用结构体系

复合式非典型机制，通过高层结构将楼层荷载和风荷载汇集并达地，以实现建筑在高度方向上的层叠伸展。结构类型包括节间式、外筒、核心筒和桥式。

在五大家族和 19 个类型的基础上，依据结构体在图形和构造上的特征，可进一步梳理出完整系列的典型单一结构，这些结构均各自在形态上呈现出基本的规律。

2.3 结构与建筑

建筑中，结构体系不但起支撑作用，还因其与围护体系或重合或分离的关系，直接影响建筑的内部空间形态和外部造型。

结构与空间

不同的结构体系会赋予空间不同的基础形态。例如，在墙承重的结构体系中，空间往往被划分成相对独立的小尺度单元；如果采用柱网均匀的框架结构，空间则呈现单元重复但连续的状态；而大跨结构，会带来浑然一体的空间。

当结构形式与空间意图相一致时，它们共同作用，决定建筑的形式。但这种和谐的状态可能也意味着建筑在使用功能上拥有较低的灵活性与可变性。结构与空间不契合的情况有两种，其一是两者各自为政，如果以空间布局为主导，那么结构被隐藏起来；其二是结构的高度和跨度大到足以包含所有空间。后一种情况允许更为自由、灵活的空间布局，也有利于改造或扩建。

结构与外形

结构体系以隐藏、显露和彰显这三种基本状态或多或少地与建筑外部造型发生关系。

当结构体系与围护体系合一时——如以墙体承重的建筑——结构以一种坦率而直接的方式显露，即使在其上增加装饰性的元素，也不会从根本上改变由结构所决定的建筑外形。

当结构体系与围护体系分离时，如何塑造建筑外形就有了更多的选择。一种可能是用建筑外表皮遮盖隐藏结构体系，如华特·迪士尼音乐厅，弗兰克·盖里（Frank Gehry）用钛合金表皮塑造了雕塑般的建筑外形，完全掩盖了内部结构（图2-2-12）；而在柯布西耶的海蒂·韦伯展厅中（Heidi Weber Pavilion），结构性的钢立柱和顶棚脱离建筑体量，充分显露出来（图2-2-13）。

结构不但可能显露出来成为建筑造型元素，还可能进一步作为设计主题和特色而被充分突出甚至夸张，成为惹人注目的意向和标志。例如，由理查德·罗杰斯（Richard Rogers）和伦佐·皮阿诺（Renzo Piano）设计的蓬皮杜艺术中心，不单是结构，连设备、管道都暴露在外，成为建筑立面的主角，借以彰显一种代表高技术的机器美学（图2-2-14）。

图2-2-14 法国巴黎，蓬皮杜艺术中心，理查德·罗杰斯和伦佐·皮阿诺，1971-1977

2.4 结构概念与建筑设计

随着时代的发展，建筑行业不可避免地经历越来越细化的专业分工。首先是设计与建造的分离，其后是设计中所涉及的工种的分化。各个设计工种在其专业领域向深度拓展的同时，也造成了工种间相对封闭的边界，建筑和结构亦是如此。

首先是建筑师，由于结构知识的缺乏或是对结构重要性的忽视，在建筑设计中往往仅聚焦于空间与形体，未能顾及甚至完全失去了结构的原则和美感。而结构工程师则将自己的工作内容局限于让给定的建筑形态能成立、稳固与耐久上，未能将创造的潜力充分发挥。这种普遍但负面的现象源自一种错误的观点，即：结构概念的构想，无论从实际作用、重要程度还是时间顺序上来看，都应该是在有创意的建筑设计阶段之后，而不是形成建筑主要概念的不可或缺的一部分。

作为建筑师，关于结构应有的正确认识是：结构依据自然科学的法则，成为建筑形态与空间生成的首要工具，可以借此实现设计师创造性地将形态、材料与力一体化的意图，并拥有进一步阐释建筑形态的能力。因此，发展结构概念，或者说进行基本的结构设计，是建筑设计必不可少的组成部分，并且在时间上应提前至建筑概念形成的初始阶段。

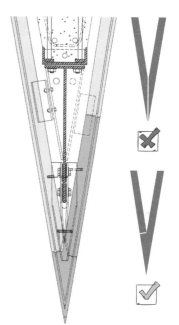

图2-2-15 19度锐角处的构造，美国华盛顿，国家美术馆东馆，贝聿铭，1974-1978

3 构造技术

春秋战国时期的《周礼·考工记》中有"天有时，地有气，材有美，工有巧，合此四者，然后可以为良"的说法，意为：顺应天时、适应地气、材料上佳、工艺精巧，综合此四项条件才能制造出精良的器物。如果说古人的说法界定了包括建筑在内的一切器物制造的技艺范畴，那么现代建筑大师密斯·凡·德·罗（Ludwig Mies van der Rohe）所说的"建筑开始于两块砖被仔细地连接在一起"则触及了建筑构造的核心。可以说，建筑构造是一门研究建筑材料的选择、连接、组合及其原理和方法的科学，为建筑创作的实现和建筑设计的物化提供依据和支撑。

图2-2-16 钢筋笼石墙，美国加利福尼亚纳帕谷，多明纳斯酒庄，雅克·赫尔佐格与皮埃尔·德·梅隆，1996-1999

3.1 理解构造

我们可以通过四个案例，更为直观地理解构造。

华盛顿国家美术馆东馆用两个三角形回应基地，呼应老馆，成为经典。

但其中东南角的锐角角度只有 19 度，如刀锋般锐利，给立面石材铺设留下了难题。贝聿铭精心考虑了此处石材的切分与连接，巧妙的构造处理在成就著名的 19 度角的同时，也为材料加工、现场安装和日常维护提供了综合解决方案。（图 2-2-15）

在多明纳斯酒庄的设计中，雅克·赫尔佐格（Jacques Herzog）与皮埃尔·德·梅隆（Pierre de Meuron）试图将当地特有的玄武岩作为蓄热材料构成外墙表皮，以平衡昼夜温差。但就地取材的天然石块却小且不规则，直接砌墙比较困难，于是他们设计了一种用钢筋编织而成的"笼子"，把小块石材装填起来，形成形状规则的大尺寸"砌块"，层叠形成建筑表皮，并通过调整石块大小，控制进光量和通风量。（图 2-2-16）

图 2-2-17 中，约恩·伍重（Jørn Oberg Utzon）亲自演示丽丝宅（Can Lis）的屋顶构造。弧形陶板嵌入两侧混凝土工字梁的凹槽内，梁上架设多孔平陶板，陶板上再层叠陶瓦。两层陶板间形成空气层，以应对马略卡岛略显炎热的夏季，房檐下空气层的透气孔，也是简单地用两片陶瓦相对叠合而成。整个构建过程简单、顺畅、自然，并且只用到了当地生产的普通建材。

图 2-2-17 屋顶构造，西班牙马略卡岛，丽丝宅，约恩·伍重，1973

隈研吾选择小青瓦作为民艺博物馆的设计主题元素，一般用于屋面的瓦片甚至被戏剧性地悬挂在了立面上。具体的构造做法是：先在立面钢框架中用细钢索拉出菱形网格，每块小青瓦安上四个金属构件，然后与金属网格连接，形成漂浮的效果。小青瓦在形成立面肌理的同时，也起到了一定的遮阳作用。（图 2-2-18）

四个案例中，东馆和丽丝宅的构造分别与材料的平接和层叠相关，正是构造设计中的两类问题；多明纳斯酒庄和民艺博物馆则涉及了合理或创新地运用材料，这是构造设计中的两种态度。

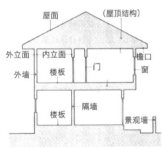

图 2-2-18 立面上的小青瓦，中国浙江杭州，中国美术学院民艺博物馆，隈研吾，2015

3.2 围护系统

为了确保空间体系的稳定、有效，建筑的物质体系主要承担两个基本功能，即承载与围护。针对这两个基本功能，建筑的物质体系也就相应地由承载系统和围护系统两大部分组成。承载系统用以承受作用在建筑上的全部荷载，即前文所述的结构；围护系统用以承受各种自然气候条件和人为因素的作用，维持建筑内部空间环境的安全与舒适，是构造的主要研究领域。

建筑围护系统由墙体（外墙与内墙）、屋面、楼地面和门窗组成（图 2-2-19），其中分隔建筑内外空间的部分为外围护结构。外围护结构的主要作用包括：阻止雨水及冰雪融水的入侵，阻止火灾的发生与蔓延；控制空气流动、热量传递、水汽扩散和声音传播；传递自重和作用于自身的水平荷载至承载系统；展现建筑美学。

图 2-2-19 建筑围护系统

保温隔热

保温是指外围护结构能够在寒冷的冬季阻止从室内向室外的热量传递，让室内维持适当的温度；隔热是指外围护结构能够在炎热的夏季阻挡过量的太阳辐射，避免室外高温对室内的影响。从基本原理而言，保

182

温与隔热均是对室内与室外之间热量传递的阻隔，但也在传递方向、传递过程及环境条件等方面有所不同，故在具体的构造措施上存在差别。

保温性能通常用传热系数或传热阻来评价，一般只要求提高外围护结构的热阻；隔热则要求外围护结构不仅有较大的热阻，还要有较好的热稳定性，同时为了减少太阳辐射，应降低门窗玻璃的遮阳系数或设置遮阳装置。

防水防潮

室外环境中的雨水、地下水、湿气等会因动能、重力、气压差、表面张力、毛细作用等原因渗透入建筑物，从而损坏建筑构件、降低室内环境质量。建筑防水防潮就是为了避免上述情况的发生所采取的措施。

防水措施包括材料防水和构造防水。材料防水利用防水卷材、涂膜、砂浆或瓦、金属板等不透水的材料形成完整的屏障来防水；构造防水则强调协调各层防水屏障共同作用，达到防水目的。实际工程中通常综合考虑两类措施，以疏堵结合的方式达到最佳效果。防潮措施主要针对的是空气中的湿气或土壤中的毛细水等冷凝水、无压水，具体方式包括：设置隔气层，防止围护结构内部冷凝受潮；在建筑物与土壤接触的部位建立一个连续封闭的整体屏障，阻断毛细水的上行通道。

隔声吸声

建筑中需要隔绝的噪声包括经空气传播的空气声和因撞击建筑构件而引发的撞击声。

隔声措施依据质量定律，利用质量大且密实无隙的材料分隔噪声源与被保护的空间，必要时可采用双层甚至多层隔声结构。吸声措施则是利用松散多孔的材料、穿孔板，或是设置空气层，以吸收入射到材料表面的声波。

建筑防火

失去控制的火以及伴生的毒气、烟雾会给建筑物及居于其间的人带来巨大的危害。用于预防、控制、应对火灾的建筑消防系统包括防火灭火、防烟排烟、自动报警、事故广播与疏散指示等多项内容，涉及建筑、结构、设备等各个专业工种。建筑设计中需要掌握的防火相关知识包括建筑物的耐火等级、建筑间的防火间距、建筑内的防火分区、消防疏散与安全出口，以及与上述内容相应的防火构造。

装饰装修

对建筑物的内外表面进行装饰处理的目的包括：保护主要结构、完善使用功能、改善室内空间、表现建筑形象等。根据不同的位置、部位、材料和功能目的，装修构造可分为粉刷、贴面、裱糊、铺钉、架空等几种具体做法。

建筑构造内容庞杂、涉及面广，具有综合性强和实践性强的特点，需经专门的课程学习和长期的实践积累方能较好地掌握。本课题中，结

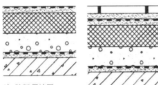

1) 粒料保护层
2) 防水层
3) 水泥砂浆找平层
4) 保温隔热层
5) 轻集料砼找坡层
   最薄处 30
6) 隔汽层
7) 水泥砂浆找平层
8) 钢筋砼屋面板

1) 块材保护层
2) 粗砂垫层
3) 防水层
4) 水泥砂浆找平层
5) 保温隔热层
6) 轻集料砼找坡层
   最薄处 30
7) 隔汽层
8) 水泥砂浆找平层
9) 钢筋砼屋面板

图 2-2-20 平屋面典型构造做法

1) 沥青瓦
2) 细石砼找平层
3) 保温隔热层
4) 防水层
5) 水泥砂浆找平层
6) 钢筋砼屋面板

1) 平瓦
2) 挂瓦条
3) 顺水条
4) 细石砼找平层
5) 保温隔热层
6) 防水层
7) 水泥砂浆找平层
8) 钢筋砼屋面板

图 2-2-21 坡屋面典型构造做法

图 2-2-22 3000 座大厅设计方案室内透视，欧仁 - 艾曼努埃尔·维奥莱 - 勒 - 迪克，引自《建筑谈话录》，1872

合设计练习要求，主要学习屋面构造的基本知识并进行初步的设计实践。

3.3 屋面构造

屋面设计中需考虑的影响因素包括雨、雪、阳光、风、气温、水汽以及其他可能的损害。一般而言屋面构造通过多层材料叠加的方式来分别或综合应对这些影响因素。屋面按形态分为平屋面和坡屋面，从构造角度而言，两者存在共性，也有各自特点。

屋面排水

能否顺畅、快捷地排水，是屋面设计中需重点考虑的内容。屋面排水方式分无组织排水和有组织排水。无组织排水屋面，雨水被组织至屋面边缘的檐口或排水口处后自由落地，适用于少雨地区或檐口高度小于10m的建筑；有组织排水屋面，雨水被组织、汇集后经雨水管排放至地面、水体、市政管网或蓄水池。无论何种排水方式，雨水在屋面的流动路线均需精心设计。坡屋面应结合屋面坡向组织雨水，平屋面亦需设置坡度不小于 2% 的缓坡来组织雨水流向。

平屋面构造

完整的平屋面构造层次自结构层（钢筋混凝土屋面板）往上分别为：隔汽层、找平层、找坡层、保温隔热层、防水层、隔离层和保护层，其中隔汽层、防水层、保温隔热层为主要功能层级，其他层次起保护、平整等辅助作用（图 2-2-20）。实际工程中可根据当地气候条件和建筑使用要求对层次有所增减。

坡屋面构造

坡屋面构造与平屋面的区别主要有两个方面，一是可以直接利用结构坡度，无需设置找坡层；二是面层可结合坡度大小，合理选择兼有排水和防水作用的屋面瓦材料。（图 2-2-21）

4 建构文化

对材料、结构与构造的综合考虑指导现实建造，由此产生的建筑物质存在会引发使用者和观察者的解读和认知。不同人群对建筑从整体形态到局部细节的认知不可避免地会受到其所处文化环境的影响，影响因素可能上达社会的历史传承、意识形态，下至个人的审美偏好、生活习俗。另一方面，建筑师在设计权衡中除了对纯粹技术因素的考虑外，既无法回避基于个人背景而产生的态度立场和形式偏好，也会在主观上希冀利用设计中的技术与形式特征去引导使用者和观察者产生符合业主和设计师预期的合乎情理的认知。

相对于注重技术逻辑的结构与构造，建构的内涵更为复杂、丰富，既存在对结构关系、材料物性、建造工艺的探究，也可能隐去技术痕迹，仅以视觉上的形式感强调一种抽象概念或是某种情感和意境。

对建构的理解可以从本真、表现和诗意三个层面展开。

184

4.1 本真：结构理性与材料本性

建构概念的兴起是从反对繁缛虚饰、追求建造本质开始的。

19 世纪法国建筑理论家欧仁 - 艾曼努埃尔·维奥莱 - 勒 - 迪克（Eugène-Emmanuel Viollet-le-Duc）以一个 3000 座大厅设计方案（图2-2-22）展现结构理性主义的建筑原则：首先，在使用新材料（铸铁）时，必须摆脱传统束缚，发展一种符合其材料本质的新的结构形式；其次，传统结构（砌体结构）与创新结构必须相互结合，并发挥各自的优势；最后，建筑形式必须明确揭示建筑传递荷载的方式。

当建构理论于 20 世纪 90 年代引入中国后，最先被建筑师和学者接受的正是忠实体现结构关系和清晰表达建造逻辑的观念。史永高曾总结了这种所谓"正统建构学"的一些基本共识："诸如结构受力的方式应该清晰可辨，重力传递的路径必须视觉可读，建造过程和节点要得到诚实表达，材料的本性要得到忠实遵循。"[1]

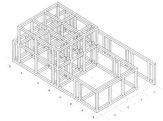

玉山石柴

马清运为其父亲设计的玉山石柴中对结构理性的追求和对材料本质的表达可以具体形象地映射我们对建构概念的第一层理解：本真。建筑师首先为这座住宅设置了一套严格且有节奏变化的三维正交网格，这套网格既控制了建筑与庭院的空间形式秩序，又以钢筋混凝土的材质成为真实的结构骨架。框架内的填充物则选择了鹅卵石、竹节板等差异性较大的材料，这些材料忠实地扮演了自己的角色，不逾越半分，让结构框架依然清晰可见。在放弃了"虚假"和"夸张"后，玉山石柴以简单明了达到了一种建构的清晰性。（图2-2-23）

图 2-2-23 中国陕西蓝田，玉山石柴，马清运，2003

4.2 表现：核心形式与艺术形式

爱德华·塞克勒（Eduard Franz Sekler）试图从厘清"结构"和"建造"这两个相关概念的差别出发，来阐述"建构"的意义。他认为，建造涉及材料的选用、工序和技术等诸多具体而现实的问题；结构是人们对建筑体系的恰当性和有效性进行评判的依据，相对抽象；如果在结构与建造之间，加入人的认知因素，建构的意义显现了。也就是说，建构所承担的一项重要的任务是在视觉的层面上赋予建筑某种表现性的品质，"建筑应该具有这样的视觉品质，它能够使观者坚信建筑的坚固性"[2]。通过对一些案例的分析后，塞克勒总结道："建构最具有建筑学意义上的自主性；也就是说，建筑师未必可以如愿以偿地全面掌控结构和建造的条件，然而他能够无可争辩地成为建构表现的大师。在这一点上，他可以用他自己的语言进行演绎，他的个性和艺术特征也可以得到充分展现。"[3]

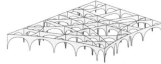

图 2-2-24 日本东京，多摩艺术大学图书馆，伊东丰雄，2004-2007

可见，建构的意义并不只是忠实地再现技术（结构、材料）本体，它肯定源于技术，但又可以高于技术，拥有充分的再诠释和再表现的自主性，这构成了我们理解建构概念的第二个层面。

多摩艺术大学图书馆

伊东丰雄为图书馆设定的空间意向是"坐在树下读书"，这个意向

1 史永高. "新芽"轻型复合建筑系统对传统建构学的挑战 [J]. 建筑学报，2014，01：90.

2 爱德华·F. 塞克勒著，凌琳译. 结构，建造，建构 [J]. 时代建筑，2009，2：101.

3 同上：103.

图 2-2-25 中国上海松江，方塔园何陋轩，冯纪忠，1981

具体通过两个方向上连续墙拱交叉的结构来实现。但是，墙拱在建筑中的分布并不规则。首先，连续拱在平面上并不是直线正交的，而是呈曲线斜交的状态；其次，单个拱的跨度差异很大，最大的达到 16m，最小的则只有 1.8m；再加上为了呼应地形，首层楼板还有 1/20 的坡度。如此自由的布局明显出于空间营造的目的，与此同时，建筑师还要求所有墙拱的壁厚都保持一致。对结构而言，这样的处理是不合理的，受力的差异性并未得到忠实的表达。但正是这种技术上的不合理，成就了建构表现上的视觉合理。在为建造服务，令空间呈现之后，结构选择隐匿。（图2-2-24）

何陋轩

何陋轩以竹为骨架，茅草覆顶，面积仅 200 余平方米，是方塔园内的一处茶室。冯纪忠精心设计竹结构的连接节点，隐藏在竹管内的铜片弹性螺栓利用材料特点，巧妙而又牢固地锁住竹竿。出人意料的是，这些本该充分表现的节点却被漆成黑色，隐于屋顶暗色中。对此，设计者如此解释："通常处理屋架结构，都是刻意清晰展示交结点，为的是彰显构架整体力系的稳定感。这里却相反，故意把所有交结点漆上黑色，以削弱其清晰度。各杆件中段漆白，从而强调整体结构的解体感。这就使得所有白而亮的中段在较为暗的屋顶结构空间中仿佛漂浮起来啦。就是东坡'反常合道为趣'的妙用罢！"[1]（图 2-2-25）

节点处的弱化处理，并非故意忽略或遮掩受力关系和交接节点的"非建构"手法，而是通过反其道而行之的手法着意强化建构逻辑的"反建构"做法，表现了高妙的"中断的艺术"。

4.3 诗意：设计、建造、感知

约翰·拉斯金（John Ruskin）在《建筑的七盏明灯》中将诗歌和建筑并列为人类历史记忆的两大载体，并认为后者在某种程度上包含前者，在现实中更强大。就诗歌而言，也许精美的文字、优美的韵律不可缺少，但更为核心的往往是意境的营造，即所谓的"诗意"。建筑亦如此。

瑞士建筑师彼得·卒姆托（Peter Zumthor）在他的设计作品中，往往会娴熟而富有创意地运用材料、结构与构造的技术手段，营造出令人感动的建筑意境。

瓦尔斯温泉浴场

在瓦尔斯温泉浴场中，卒姆托用预应力混凝土悬挑结构制造屋顶缝隙，引入光线；为当地的片麻岩设定一套模数体系，兼顾加工便利和自然效果，并特别开发一种合成石工术来结合混凝土和片麻岩这两种材质。通过种种技术手段的运用，卒姆托最终营建了一处石、水、光相互交融，光与影、冷与热、硬与软、宽与紧各种感觉对比共存的诗意情境。（图2-2-26）

克劳德乡野教堂

在克劳德乡野教堂中，卒姆托邀请当地居民一起动手浇筑混凝土，

图 2-2-26 瑞士格劳宾登，瓦尔斯温泉浴场，彼得·卒姆托，1990-1996

1 冯纪忠 . 何陋轩答客问 [J]. 世界建筑导报，2008，3：14-21.

用火烧的方式为混凝土"拆模"，塞个玻璃球处理固定模板留下的孔洞，用种种异于常规的施工方式建造了一个幽暗、逼仄、甚至让人感觉粗粝的教堂。然而正是在这样的空间氛围中，卒姆托以移情的方式将祈祷的人代入到当年克劳德圣徒山中隐居时所居的简陋石室中。（图 2-2-27）

以建构的表现形成建筑场景、用建构的细节作用于体验者的感官，影响其情绪并且激发想象，唤起某种超越语言表达的情感，这种结果可以称为诗意，也是我们理解建构的第三个层面。

当然，弗兰姆普敦所称的"建造诗学"终究还是要建立在坚实的技术基础之上。正如法国诗人保罗·瓦莱里（Paul Valéry）的一句诗："应该像鸟儿那样轻，而不是羽毛。"羽毛的轻，是一种物理属性的轻，鸟儿的轻则来自精确的身体组织。羽毛再轻，也只能随风飘荡，鸟儿却可以轻盈地飞上云霄。真正的建构应该像鸟儿一样，而不是像羽毛。

图 2-2-27 德国梅谢尼希，克劳斯乡野教堂，彼得·卒姆托，2005-2011

参考资料

1.《建筑构造图解》
胡向磊编著 [M]. 北京：中国建筑工业出版社，2014.
参考内容：第 1 章 关于构造设计；第 3 章 本与真——材料的选择；第 4 章 骨与皮——结构与围护
2.《图解建筑结构：模式、体系与设计》
（美）程大金，巴里·S. 奥诺伊，道格拉斯·祖贝比勒著，张宇，陈艳妍译 [M]. 天津：天津大学出版社，2015.
参考内容：1 建筑结构
3.《结构体系与建筑造型》
（德）海诺·恩格尔著，林昌明，罗时玮译 [M]. 天津：天津大学出版社，2002.
参考内容：导论；0 体系基本原理 / 分类学；1 形态作用结构体系；2 向量作用结构体系；3 截面作用结构体系；4 面作用结构体系

扩展阅读

1.《建构建筑手册》
（瑞士）安德烈·德普拉泽斯编，任铮钺等译 [M]. 大连：大连理工大学出版社，2007.
2.《杠作：一个原理、多种形式》
柏庭卫著 [M]. 北京：中国建筑工业出版社，2012.
3.《图解建筑构造（第 5 版）》
（美）程大金著，王骏阳译 [M]. 北京：中国建筑工业出版社，2020.
4.《建构文化研究——论 19 世纪和 20 世纪建筑中的建造诗学》
（美）肯尼斯·弗兰姆普敦著，陈亚译 [M]. 北京：电子工业出版社，2007.

练习 2-2.1：空间与结构

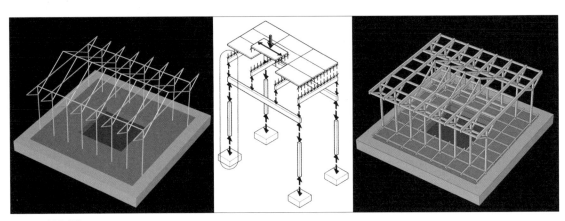

图 2-2-28 空间与结构

任务书

练习任务

练习以杆件为基本要素界定空间体量的方法。练习的目的是寻求一种符合使用要求并能形成相应空间的结构体系。首先，选择一种结构类型进行一次快速尝试；然后，以小组讨论的方式对初步成果作出评判，完善结构概念；最后，制作能清晰表达结构与空间概念的结构模型。(图 2-2-28)

练习要点

1. 杆件既是结构构件也是空间界定要素
2. 空间与结构的互动关系
3. 结构构件的层级与规格

材料工具

1. 木杆件：截面 2mm×2mm、3mm×3mm、5mm×5mm 若干，用于制作概念模型和结构模型
2. 灰卡纸：2mm 厚，尺寸 24cm×24cm、36cm×36cm 各一，作为模型底板

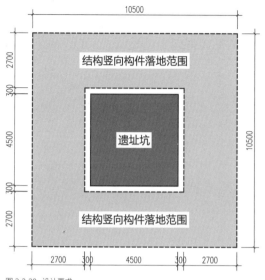

结构竖向构件的落地位置需在图中所示的浅灰色区域内。特别注意，应离开遗址坑边缘至少 0.3m。

10500

2700
300
4500
300
2700

结构竖向构件落地范围

遗址坑

结构竖向构件落地范围

10500

2700 300 4500 300 2700

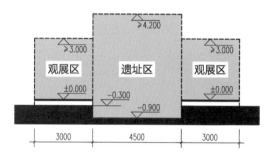

450
750 400 250
展柜
长度自定

1800
展板
长度自定

观展区地面高于原始地面 0.3m。观展区净高（结构下缘标高）不小于 3.0m，遗址区净高（结构下缘标高）不小于 4.2m。

≥4.200

≥3.000   ≥3.000

观展区   遗址区   观展区

±0.000   -0.300   ±0.000

-0.900

3000   4500   3000

图 2-2-29 设计要求

过程详解

本阶段练习过程大致分为三个步骤：形成概念、分析判断、深化设计。在此之前，应充分了解展览厅的基本功能和设计要求（图 2-2-29）。

1 形成概念

结合空间形态需求选择适合的结构类型，在"尝试—发现问题—修正—再次尝试"的循环中，关注并解答"杆件以何种方式相连接形成力的传递路径并具备足够的稳定性"和"由结构体系导致的空间形态是否与设定目标相符"这两个问题。概念模型统一用截面 2mm×2mm 的木杆件制作，比例为 1 ∶ 50。

设计要求提出了一些尺寸上的要求，在这些明确的定量规定之下，实际上隐含了多种可能的空间形态和与之相应的结构类型。因此，在练习之初提倡进行多种可能性的尝试，并对比评价尝试结果。结合评价，经筛选、推敲、修正后形成概念模型。

本课题无意让练习者去"发明创造"一种新的结构形式，而是希望能较全面地了解已有的、成熟的结构类型，并从中选择适合的类型加以应用。图 2-2-30 中列出了适合杆件系统的结构类型，可供选用。每个结构类型代表了一种结构原理，在此原理下结合具体设计可以演化出多样的具体形式。

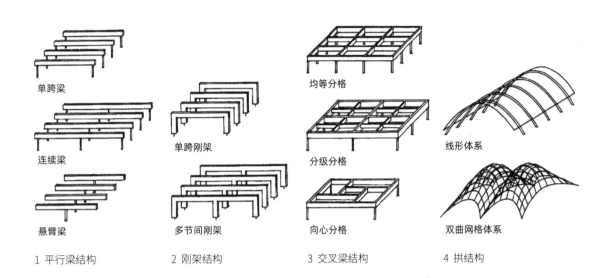

単跨梁

連続梁

悬臂梁

1 平行梁結構

単跨剛架

多節間剛架

2 剛架結構

均等分格

分級分格

向心分格

3 交叉梁結構

線形体系

双曲網格体系

4 拱結構

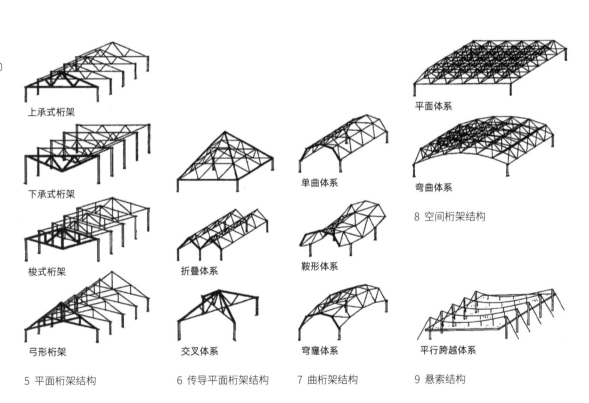

上承式桁架

下承式桁架

梭式桁架

弓形桁架

5 平面桁架結構

折叠体系

交叉体系

6 伝導平面桁架結構

単曲体系

鞍形体系

穹窿体系

7 曲桁架結構

平面体系

弯曲体系

8 空間桁架結構

平行跨越体系

9 悬索結構

图 2-2-30 可选结构类型

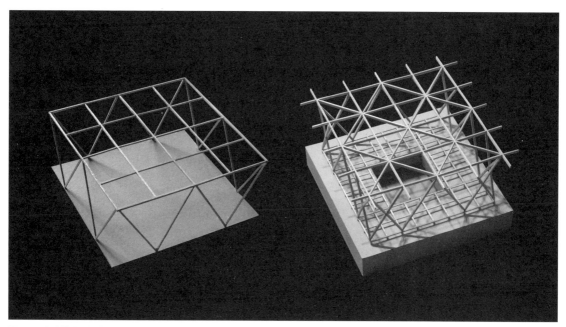

图 2-2-31 概念模型与结构模型

过程详解

2 分析判断

首先，通过小组点评，鉴别各个概念模型在空间与结构方面所表现出来的特征及其在类型上的差别。其次，分析概念模型中力的传递路径及各个结构构件的受力情况。

　　初学者不可避免地会特别关注具体形式并存在明显的个人偏好，这本身无可厚非。但与此同时，也要注重培养自己理性分析的能力，探究结构形式背后的力学原理，做到"形有所据"，逐渐形成良好的设计思维模式。

3 深化设计

基于概念模型确定的结构类型，以及对结构构件受力情况的分析，进一步深化设计。区分结构体系中各个构件的层级关系及相应的大小规格，用不同截面大小的木杆件（2mm×2mm、3mm×3mm、5mm×5mm三种截面尺寸）制作结构模型，比例为1：30。（图 2-2-31）

　　概念模型是对结构形式的抽象，主要关注各个构件如何连接成一个整体发挥结构作用，故暂不考虑构件截面尺寸差异。结构模型则需更进一步，基于力学分析，以规格大小反映各个构件所处的层级和扮演的角色。考虑到练习中不要求精确的力学计算，故上述内容仅做定性表达。

练习 2-2.2：覆盖与构造

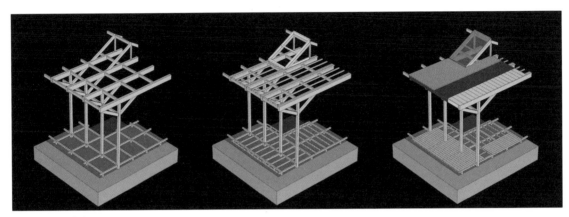

图 2-2-32 覆盖与构造

任务书

练习任务

上一阶段的模型在组织层面提出了解答：一个适应功能、容纳活动的空间与结构体系。本阶段，将进一步研究设计概念如何实现的问题：怎样在构造的层面来进一步建构遗址展示厅？展示厅不仅需要顶面覆盖，也需要基面承托。研究在 1：30 的局部模型上展开。（图 2-2-32）

练习要点

1. 建筑材料与构件
2. 连接、平接与层叠的构造方式
3. 顶面覆盖与基面承托

材料工具

1. 木杆件：截面形状及尺寸根据设计定
2. 板片材料，具体包括：灰卡纸，表示水泥板；白色 PVC 板，表示石膏板；巴沙木片，表示木板；瓦楞纸，表示波形钢板；透明和半透明亚克力板，表示透明和磨砂玻璃；铝箔纸，表示防水材料

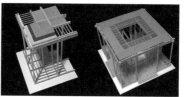

图 2-2-33 局部选取

板片　材料尺寸：1200mm×2400mm
　　　龙骨支撑：间距≥600mm×1200mm
　　　材料悬挑：不得悬挑

板条　材料尺寸：100-200mm×3000mm
　　　龙骨支撑：间距≥600mm
　　　材料悬挑：不得悬挑

玻璃　材料尺寸：≥2.0 ㎡
　　　龙骨支撑：四周支撑
　　　材料悬挑：悬挑≥300mm

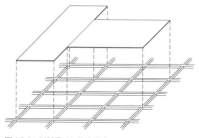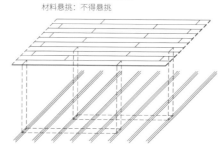

图 2-2-34 材料尺寸与构造要求

过程详解

1 局部选取

选取结构模型中的 1/4 至 1/2 部分，制作 1：30 局部构造模型。

　　综合考虑组合模式（整体式、单元式）、屋面材质（透明、不透明）等因素后，选取最能反映设计要点的部位制作局部构造模型，以期通过该模型的制作，可以研究、解决设计中可能遇到的所有构造问题。（图 2-2-33）

2 材料尺度

材料的单元尺寸和材料特性是影响构造做法的重要因素，故练习中对几种主要材料的尺寸和相应的构造做法有所规定。（图 2-2-34）

　　板片：包括用于屋面基层和面层的木工板、水泥板等。设定单片材料的尺寸为 1200mm×2400mm；支撑板片材料的龙骨为双向，间距不大于 600mm×1200mm；板片材料不得悬挑。

　　板条：包括用于屋面基层的木望板和地面的木地板等。设定单片材料的尺寸为 100-200mm×3000mm；支撑板条材料的龙骨为单向，间距不大于 600mm；板条材料不得悬挑。

　　玻璃：用于屋面采光部分。设定单片材料不大于 2 ㎡；四周龙骨支撑；玻璃可悬挑，单悬挑尺寸不大于 300mm。

连接方式 构造层次

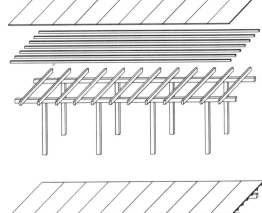

位置关系

居中　　内侧　　外侧　　两侧

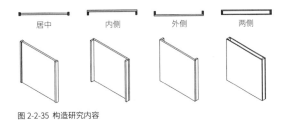

图 2-2-35 构造研究内容

194

过程详解

3 研究内容

利用 1：30 的局部模型，研究建筑不同部位各种材料和各个构件之间的组合方式，主要关注三方面的内容：连接、层叠和平接。（图 2-2-35）

连接主要指（结构）构件之间的组合方式。本课题指定木材为结构材料，因此在确定连接方式时要符合木材的特征。

层叠指的是各种材料和各个构件在深度方向上的构造层次关系。材料或构件的属性和功能决定了它们在上下或前后关系中所处的位置。

平接指在同一层面上材料或构件单元之间的构造方式。当平接的两种材料或构件厚度不同时，还需考虑两者的位置关系。

4 设计部位

展示厅是无垂直界面围护的半开放空间，构造设计集中在两个部位：屋面和地面。

屋面：模型中应能清晰地表达屋顶的各个结构与构造层次，充分考虑屋面排水问题。局部屋面可采用天窗或高侧窗的方式，为展示厅中部的遗址坑带来自然采光。

地面：展示厅的地面（除中部遗址坑外）高于原始地面 300mm，故应考虑架空地面做法。

练习 2-2.3：设计表达

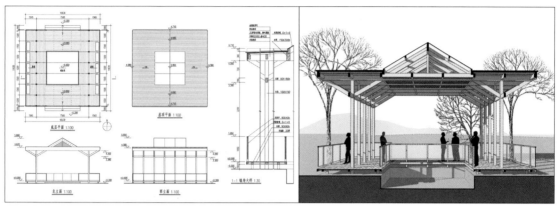

图 2-2-36 设计表达

任务书

练习任务

局部构造模型用于研究结构与构造的基本原则，以及各种材料、构件之间的组合方式。而通过制图，则可以进一步明确空间单元和建筑构件的具体尺寸和精确定位。从这个方面而言，制图不仅仅是设计的记录，同时也是一种重要的设计方式。同时，在局部构造模型的基础上制作最终设计模型，并绘制剖透视图。（图 2-2-36）

练习要点

1. 以几何尺寸反映空间与结构秩序
2. 在图纸中表现构造逻辑和建构概念
3. 绘制剖透视图表现现实场景

材料工具

1. 绘图工具：铅笔、针管笔；尺规；绘图纸
2. 模型材料：木杆件，截面形状与尺寸根据设计确定；根据需要，选用板片材料；灰卡纸板或其他合适的材料用作模型底板

图 2-2-37 设计模型与剖透视图

过程详解

设计表达包括三部分内容：技术图纸（平立面图和墙身大样）绘制，设计模型制作和剖透视图绘制。（图 2-2-37）

1 平立面图

墨线绘制比例为 1 ： 100 的平立面图，其中：

底层平面 ×1：标注两道尺寸，绘出展陈家具及地面铺装；

屋顶平面 ×1：绘出屋面材料及排水方向，标注主要部位标高；

立面 ×2：选择模型照片中不可见的两个面绘制，标注主要部位标高。

2 墙身大样

选择典型部位墨线绘制 1 ： 20 或 1 ： 30 墙身大样，通过尺寸标注和文字说明，清晰、正确地表达建筑材料的尺寸规格和各个部分的构造方式。

3 设计模型

最终的设计模型应包括完整的屋顶和地面，可在模型中摆放展陈家具和纸片人，用于表达空间尺度和功能。为各个阶段的模型拍摄接近轴测效果的鸟瞰照片，包括概念模型、结构模型、构造模型和设计模型。

4 剖透视图

绘制剖透视图以综合地表现构造做法、内部空间和周边场景。剖透视图中添加人物和景观配景，烘托场景氛围。

作业示例

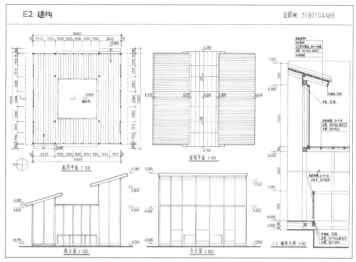

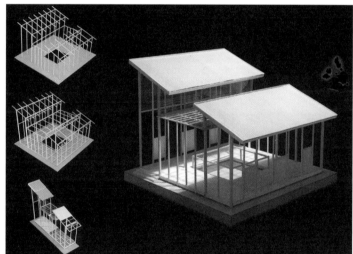

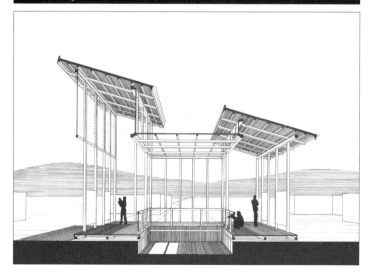

金晨晰 2018 级

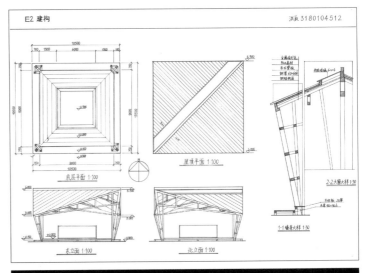

198

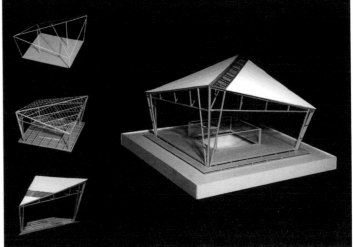

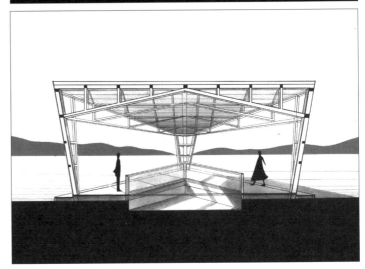

洪辰 2018 级

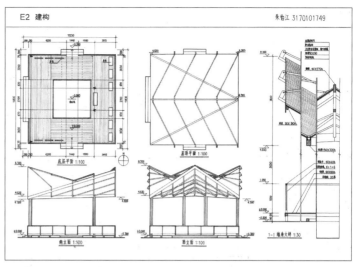

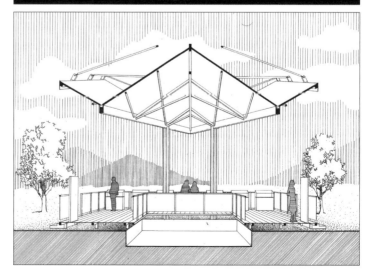

朱怡江 2017 级

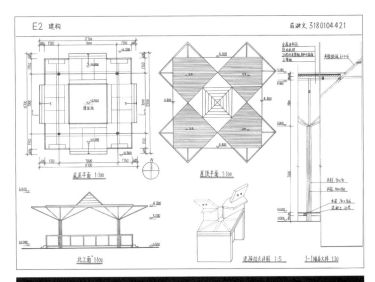

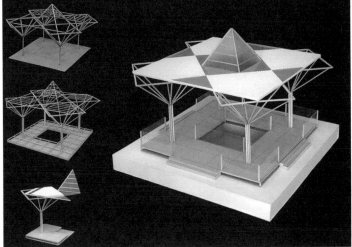

范浙文 2018 级

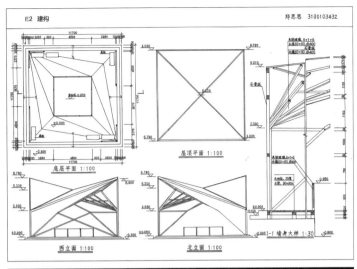

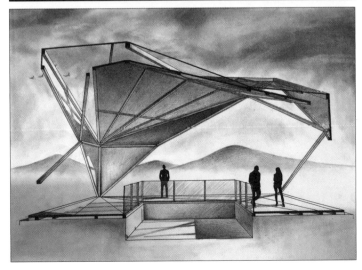

201

郑思思 2019 级

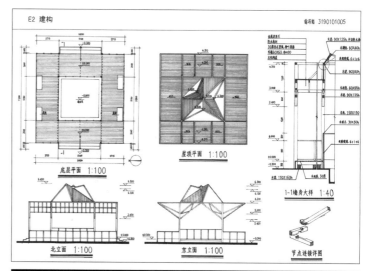

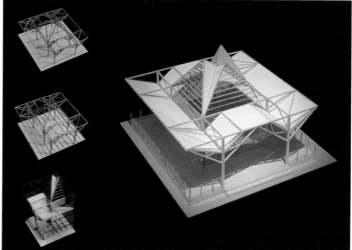

翁冯韬 2019 级

202

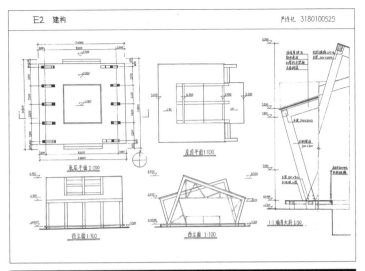

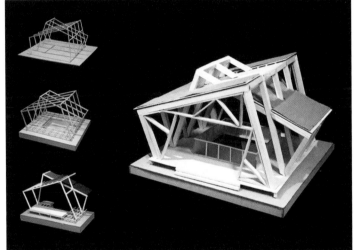

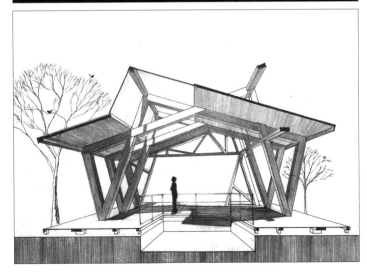

严诗忆 2018 级

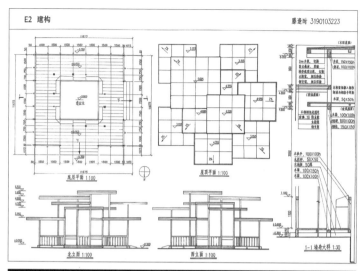

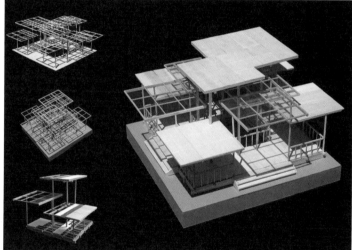

滕逢时 2019 级

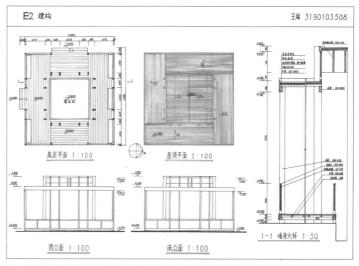

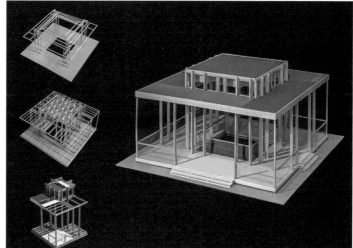

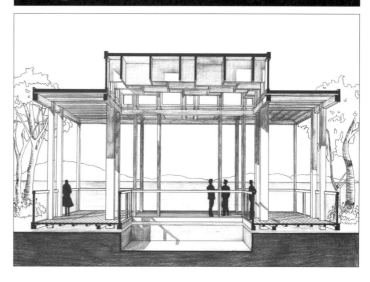

王瑞 2019 级

课题	周次	课次
2-0 秩序	**01**	1
		2
	02	1
		2
2-1 人居	**03**	1
		2
	04	1
		2
	05	1
		2
2-0 秩序	**06**	1
		2
	07	1
		2
2-2 建构	**08**	1
		2
	09	1
		2
	10	1
		2
2-0 秩序	**11**	1
		2
	12	1
		2
	13	1
		2
2-3 场所	**14**	1
		2
	15	1
		2
课程评图	**16**	1
		2

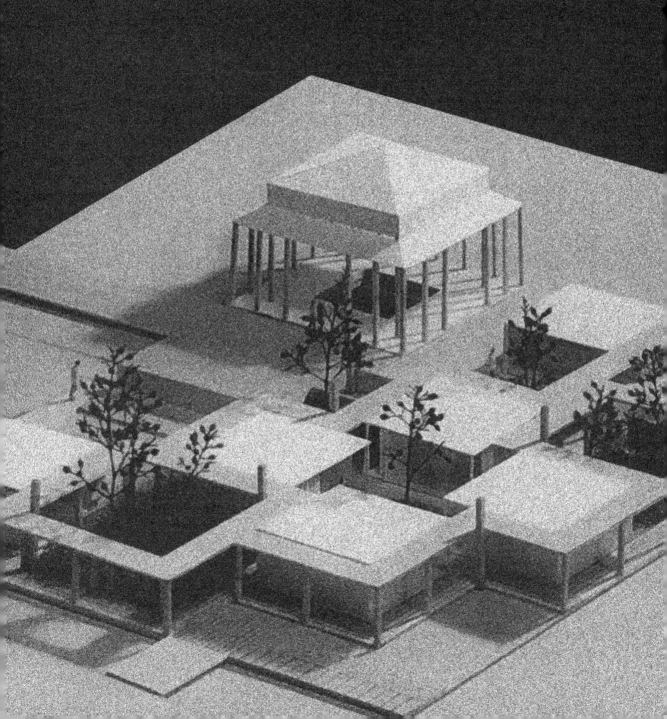

课题 2-3

场所

课题概述

图 2-3-1 场所

教学任务

场所，指由特定的人与特定的事所占有的具有特定意义的环境空间。场所的构成既需要自然和人工叠加而成的物质环境的支撑，也不能脱离特定社会文化背景下的人的行为活动。清晰的组织结构和明确的领域界定是评价一处场所的基本标准。

本课题中，我们选择良渚国家考古遗址公园中的一块场地，设计一处供人们观展、游玩、休闲的场所。场地中布置 1 个中心展厅、4 个展示单元、1 个餐饮单元和 1 个公厕单元。（图 2-3-1）

教学要点

1. 外部空间组织
2. 外部空间界定
3. 内外空间联系

教学周期

4.0 周，32 课时

教学安排

第 12 周

第 1 次课（4 课时）
课内：讲述课；小组讨论外部空间的结构、层级和秩序；尝试制作外
　　　部空间体量模型。
课后：制作外部空间体量模型。

第 2 次课（4 课时）
课内：小组点评外部空间体量模型；修改完善。
课后：完成外部空间体量模型，以草图形式推敲功能单元平面。

第 13 周

第 1 次课（4 课时）
课内：小组讨论功能单元平面草图；结合立面设计修改调整平面。
课后：完成各功能单元的平面定稿及立面设计。

第 2 次课（4 课时）
课内：小组点评；修改完善；布置界面设计任务；初步尝试。
课后：完成各功能单元的模型，完成外部空间界面的初步设计。

第 14 周

第 1 次课（4 课时）
课内：小组点评外部空间界面的初步设计；修改调整。
课后：完成外部空间界面的深化设计。

第 2 次课（4 课时）
课内：小组点评外部空间界面的深化设计；修改完善。
课后：开始制作设计模型。

第 15 周

第 1 次课（4 课时）
课内：布置绘图要求；制作模型，绘制图纸。
课后：制作模型，绘制图纸。

第 2 次课（4 课时）
课内：制作模型，绘制图纸。
课后：完成最终作业成果。（图 2-3-2）

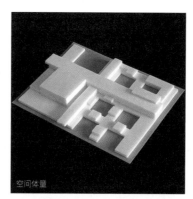

空间体量

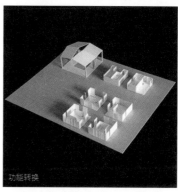

功能转换

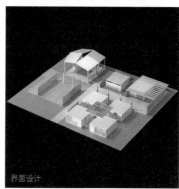

界面设计

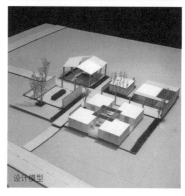

设计模型

图 2-3-2 课题 2-3 过程模型照片

209

背景知识

图 2-3-3 生命与自然

对自然地形过多的人工干预

建筑依自然地形而建

图 2-3-4 对待自然地形的两种态度

规划设计的中心目的是为人创造一个能满足其需求的场所。场所作为具有特定意义的环境空间，是由物质（自然的和人工的）、空间、时间、人（心理感知和行为活动）共同构成的完整的系统。

1 影响设计的自然因素

1.1 自然要素

任何生命形式都与自然环境相互依存，人也不例外（图 2-3-3）。自然环境是由各个要素有机构成的系统，这些要素中与规划设计息息相关的包括但不限于气候、土地、水、植物。

气候

当我们为特定的活动选择合适的区域，或者在一定范围的区域中选择最佳场地时，气候总是最基础的依据。如果场地已是确定的，那么设计者需要考虑的是根据特定气候条件，采用适宜的设计手段修正气候影响以改善环境。规划设计无法从根本上改变一个地区的气候条件，却可以调整场地内乃至场地周边的气候状况。在考虑季节变化、太阳运行、季风风向、雨雪霜雹，以及地形、水体、植被的前提下，进行合理的规划布局，选择适宜的建筑朝向，再配合恰当的构筑物和植物，就有可能消除极端气候情况的影响，营造宜人的场地微气候。

土地

土地承载了人类绝大多数的活动，随着人口增长，大地上人类活动的影响也越来越明显。自然的地形地貌是大自然历经长期磨合方稳定下来的最适形态，而人为的改变和破坏往往是不可逆的，这就要求设计者在场地规划设计中始终秉持审慎的态度，采用适应地形、融合自然景观、防止表土流失、减少土石方量的手段。这种做法不仅是生态的，也往往是经济的。（图 2-3-4）

水

水是人类生存的基本保证，除了满足饮用、灌溉、养殖、运输等生活所需，各种形态的水体还能用以调节微气候、建构良好的生境、提供休闲场所和优美景观等。在具体的规划设计中，对于水资源的利用，设计者首先应存保护意识，尽可能做到对自然水体的最小干扰并防止污染；此外，适量设置水池、喷泉、瀑布等人工水体可以提升场地的景观效果和生态价值。

植物

植物对于自然环境的生态作用包括：通过光合作用制造并释放氧气、蒸腾作用过程中提高环境湿度、缓和风暴、保护土壤、截流和保蓄降水。另一方面，植物还具有很高的景观价值。用于景观种植的植物一般会选择乡土植物或适种植物，这些植物较为适应当地的气候和土质，并易与原有的自然环境融为一体。

1.2 设计原则

整体意识

设计者首先需要意识到的是，在自然环境中，所有的构成要素均互为因果，任何一个要素的微小变化都可能波及整个系统。因此在规划设计中不能孤立地处理某一问题而忽略其对整体的影响。

平衡观念

对建筑所处环境的自然因素的应对从人类开始营建活动时起就是主要考虑的内容。设计中对于自然因素的有效回应是多方面、综合性的，其中适应气候与利用地形是最常见的课题。人类从被动地适应自然到主动地改变环境，经历了漫长的技术和思想观念的演进。当下，随着对生态危机和资源危机的深刻思考，我们需要在完全被动地适应自然环境和完全依靠科学技术改变自然环境两个极端之间，寻求更合理、更可持续的途径。

双重属性

人同时具有自然属性和社会属性，为人服务的建筑也如此。设计中除了关注场地的自然条件，也要看到对建设与使用可能造成影响的人为因素或设施，对位于城市中的建筑来说尤其如此。因此，建筑的场地不仅要求有适宜的自然条件，用地所载负的种种人工施加条件的良好配合也至为重要。

2 约束设计的社会因素

社会、历史、人文等约定俗成的要素可以看作对设计的约束。正是这些约束，造就了我们所能看到的形形色色的建筑。社会约束可以分为两类：刚性的公共限制和基于城市视角的对建筑设计的弹性约束。

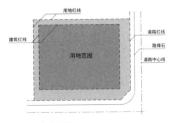

图 2-3-5 场地界限

2.1 公共限制

建筑设计中的公共限制往往通过对一系列技术经济指标的控制来实现，这些控制指标主要包括场地界限、用地性质、容量与密度、高度与间距、绿化、交通等方面。

场地界限

用地红线是各类建设工程项目用地使用权属范围的边界线。作为场地的最外围边界线，用地红线限定了土地使用权的空间界限，以及由此连带的相关经济责任，是场地空间限定的基础。当用地红线范围内有公共设施（如城市道路）用地时，必须首先保证公共设施的使用，因此，用地红线并不是对场地可建设使用范围的最终限定。

作为城市道路用地的规划控制线，道路红线总是成对出现，其间的线形用地为城市道路用地。道路红线是场地与城市道路用地在地表、地上和地下的空间界限。

建筑红线是规划行政主管部门在建设用地边界内另行划定的地面以上建（构）筑物主体不得超出的界线。建筑红线的划定依据包括（道路）红线后退、契约限制和边界后退。与用地红线和道路红线不同，建筑红线并不限制场地的使用范围，而是划定场地内可以建造建筑物的界限。(图 2-3-5)

用地性质

场地的用地性质一般由城市规划确定。在场地设计和建设中，须明确城市规划所确定的本场地的用地性质及其相应限制与要求，并根据场地的用地性质进行场地的建设和利用。

依据《城市用地分类与规划建设用地标准》 GB 50137，城市建设用地包括居住用地（R）、公共管理与公共服务用地（A）、商业服务业设施用地（B）、工业用地（M）、物流仓储用地（W）、道路与交通设施用地（S）、公用设施用地（U）、绿地与广场用地（G）等八大类，并可进一步细分为 35 中类、42 小类。

容量与密度

用地面积是计算场地其他控制指标的基础。用地面积是指可供建设开发使用的土地面积，即由场地四周用地红线和道路红线所框定的用地的总面积。

为保证适度的土地利用强度及城市公用设施的正常运转，场地设计必须进行容量控制，而最常用的控制指标是容积率。容积率为场地内所有建筑物的面积之和与场地总用地面积的比值，表达为一个无量纲的数值。容积率与建筑高度、建筑密度等其他指标配合，可以有效控制场地内的建筑形态。

建筑密度又称建筑覆盖率，指场地内所有建筑物的基底面积总和占场地总用地面积的百分比。建筑物的基底面积是指建筑的占地面积，按建筑的底层建筑面积计算。建筑密度表明了场地内土地被建筑占用的比例，即建筑物的密集程度，从而反映土地的使用效率。

高度与间距

出于不危害公共空间安全和公共卫生，且不影响城市或自然景观的考虑，在一些地区会对建筑高度进行限制。因限制目的不同，建筑高度的计算方法也有所区别，较为常用的是从建筑物室外地面计算至建筑物最高点。出于高效利用土地和保持城市风貌连续统一的目的，一些城市对于重点区域的建筑高度设置低限。

建筑间距是指两栋建筑物或构筑物外墙之间的水平距离，控制建筑间距通常是为了保证防火和日照需要。《建筑设计防火规范》GB 50016中规定了不同类别建筑之间的防火间距；而日照间距则需根据建筑物所处的气候区、城市规模和建筑物的使用性质来确定。

绿化

绿化控制主要包括绿化覆盖率和绿地率两项指标。

绿化覆盖率是指场地内所有乔灌木及多年生草本植物覆盖土地面积（重叠部分不重复计算）的总和占场地总用地面积的百分比。绿化覆盖率能直观反映场地的绿化效果，但统计较为繁杂。

设计中更常用的绿化指标为绿地率，即场地内各类绿地面积的总和占场地总用地面积的百分比。各类绿地包括公共绿地、专用绿地、宅旁绿地、防护绿地、道路绿地等。

场地设计中，除了上述指标，还常用到一些关于道路交通、出入口、停车、建筑朝向、无障碍设计等方面的控制指标和要求。

2.2 弹性约束

弹性约束主要是从城市的角度对场地和建筑的规划设计提出一些关联到建筑形式、色彩、风貌以及外部空间的要求，这些要求往往是定性不定量的。

城市系统

城市作为一个系统，包含了要素、功能、结构和秩序四个方面。对城市的研究可以从空间物质、组织结构和心理感知三个层面展开。

空间物质层面，重点分析的是构成城市物质形体环境的实体、空间和基面三个要素。城市实体是城市中具有实体体量的建筑物和构筑物，根据其外观和造型对城市环境的影响主要为街块和标志；城市空间是人们从外部认知、体验城市的主要领域，可以以对城市环境有较大影响的街道（运动空间）和广场（开放空间）为代表；城市基面是城市空间和城市实体的载体，一般以其自然特征加入到城市物质形体环境中。

组织结构层面，城市物质形体环境的各构成要素不是孤立存在的，它们有规律地互相穿插和叠合，形成各种组合和关系，这就是城市结构。城市结构的模式，一般由城市运动系统的形态来表现，而其形成过程主要包括"自然生成"和"规划生成"两种。

心理感知层面，以人为主体，研究人对作为客体的城市环境的心理感知，即从城市系统物质存在形态到心理感知形象的转换结果。我们无

自然　　　　外部空间

图 2-3-6 外部空间从限定自然开始

法具体描绘一个理想的城市心理形象，事实上也不可能存在这样一个理想模式适用于任何城市。从某种意义上说，城市正是以互相之间的千差万别而存在的。当然，我们还是可以列出一些评价标准，从心理感知层面对城市进行分析研究，这些标准包括：

连续性：整体感与可调节度。

形象性：尺度感与可识别性。

行为支持：领域感与场所感。

设计原则

首先，设计者应该意识到的一点是：我们通常是在前人的后面，继续塑造城市环境，因此需要考虑和尊重前人。前者也许是差的，但无论如何对怎样处理已有的城市环境都要做出慎重抉择。这也正是埃德蒙·N. 培根（Edmund Norwood Bacon）所提出的"下一个人的原则"，即"正是下一个人，他要决定是将第一个人的创造继续推向前去还是毁掉"。[1]

其次，城市实体中街块与标志的关系其实是一个主角与配角的问题。城市中大部分的建筑应当是充当配角来衬托主角，而不是争当主角。相邻的建筑，如果各自过分强烈地表现自己，结果只能是相互冲突而影响空间环境整体效果。

最后，在城市环境中，实体与空间是互为倚靠，相辅相成的。积极的外部空间需要通过建筑实体的围合来形成。在许多城市设计理论中，都可以看到对城市空间的重视，这正是对现代建筑设计中过分重视建筑实体而忽视外部空间的一种反省。

3 外部空间设计

在《外部空间设计》一书中，芦原义信认为："空间基本上是由一个物体同感觉它的人之间产生的相互关系所形成的。"[2] 而外部空间"首先，它是从在自然当中限定自然开始的。外部空间是从自然当中由框框所划定的空间，与无限伸展的自然是不同的。外部空间是由人创造的有目的的外部环境，是比自然更有意义的空间"。[3]（图 2-3-6）

3.1 外部空间认知

在给予自然空间一定的界定后，由此产生的外部空间就变成了可被清晰感知、可容纳各种活动，并且具有实际意义的空间，我们甚至可以将其称为"没有屋顶的建筑空间"。建筑空间通常由地面、墙体、顶盖三要素所限定，而在外部空间的设计中，地面和墙体是极其重要的设计因素。

积极空间与消极空间

外部空间的属性有积极与消极之别。"所谓空间的积极性，就意味着空间满足人的意图，或者说有计划性。所谓计划，对空间论来说，那就是首先确定外围边框并向内侧去整顿秩序的观点。而所谓空间的消极性，是指空间是自然发生的，是无计划性的。所谓无计划性，对空间论来说，那就是从内侧向外增加扩散性。"[4]

1 夏祖华，黄伟康编著．城市空间设计（第 2 版）[M]．南京：东南大学出版社，2002：21.

2 （日）芦原义信著，尹培桐译．外部空间设计 [M]．北京：中国建筑工业出版社，1985：1.

3 同上：3.

4 同上：13.

图 2-3-7 中，住宅区的外部空间由明确连续的建筑边界围合，具有图形的特点，包含了人的意图和计划，可以作为积极空间来看待。而图 2-3-8 中的村庄是自然发生发展的沿路村落，它周围的空间是无限的、扩散的，可视为消极空间。无限伸展的自然空间往往是消极空间。

另一方面，当我们设计具有纪念性的建筑物或构筑物时，可以用消极空间包围它，这样更能烘托其孤立的鲜明形象。

积极空间与消极空间的分界并不绝对，是可以转换的（图 2-3-9）；两者之间也不是绝对的非此即彼，可以存在渗透和过渡（图 2-3-10）。

外部空间的尺度

外部空间的尺度感，主要由视觉决定。

外部空间的围合度和尺度感与界定空间的建筑的高度（H）和间距 (D) 有很大关系。根据芦原义信的观察，D/H=1 是平衡点，也是外部空间尺度发生质变的转折点。当 D/H 的值逐渐减小时，建筑对外部空间的压迫感越来越强；当 D/H 的值逐渐增大时，建筑呈远离之势，外部空间会变得越来越开放；当 D/H>4 时，建筑围合外部空间的感觉就显得比较薄弱了。（图 2-3-11）

结合对 D/H 与空间感知关系的观察，芦原义信进一步提出了关于外部空间尺度的两个理论：十分之一理论和外部模数理论。所谓十分之一理论，是指外部空间可以采用内部空间尺寸 8-10 倍的尺度；而外部模数理论是指在外部空间的设计中，可以采用 20-25 米的模数，也就是说，外部空间中，每隔 20-25 米，就应该在基面材质、地面高差、垂直界面或空间形态上有所变化，以避免让人产生单调乏味之感。

3.2 外部空间设计

如果我们将外部空间看作"没有屋顶的建筑空间"，那么外部空间设计相较建筑空间设计就没有本质的区别，同样包括界定领域、围合空间、建立层次等方面。

界定领域

外部空间承载人的种种活动，依据人在其间的活动模式，可以将外部空间大致分为运动空间和停留空间两类。相对而言，运动空间一般需要平坦、开阔、无障碍物，或具有明确的方向性，供人行进或开展一些游戏、比赛之类的集体活动；停留空间则希望安静、稳定、围合感强，会在其间设置座椅、绿荫等，以供人静坐、交谈，或眺望风景。运动空间与停留空间的关系，既可能是完全分隔独立，也可能是联系紧密，甚至浑然一体，需要视具体情况而定。

通过改变地面铺装、设置地面高差、设立墙体、种植植物，甚至灯光变化等物理手段，可以有效影响人的心理感知，从而达到界定领域的目的。清晰、良好的领域界定为场所感的确立创造条件，进而支持相应的行为与活动的发生。

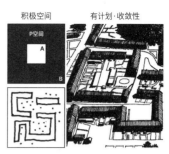

图 2-3-7 积极的外部空间

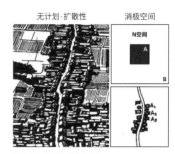

图 2-3-8 消极的外部空间

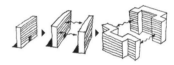

图 2-3-9 从消极空间到积极空间的转换

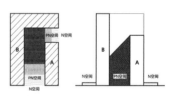

图 2-3-10 消极空间与积极空间之间的渗透和过渡

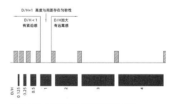

图 2-3-11 D/H 数值与空间感知的关系

围合空间

因为缺乏顶面覆盖，外部空间的围合主要利用底面和垂直面来实现，两者之间，垂直面对于空间围合的作用更为明显。此外，垂直面的高低因与人的行动和视觉相关，会影响到领域界定和空间围合的程度。例如，30-60cm 高的矮墙，人可以较为轻松地跨越，有划分领域的作用，但强度不高；90-120cm 高的墙体会遮挡部分身体，给人在心理上带来一定的安心感，但因空间在视觉上依然是连续的，故无法实现空间的完全分隔和围合；当墙体高度达到 180cm 或以上时，绝大多数人的视线会被隔绝，有利于形成封闭感强的空间。

从部位来看，角部围合对于外部空间的形成效果更为明显，有事半功倍的作用。

建立层次

如果外部空间由两个或两个以上的空间领域构成，就需要梳理它们的关系。根据用途和功能确定每个空间领域的属性，以一定的顺序连接组织各个空间领域，形成一定的空间序列，就可以建立起空间的层次。

空间层次可以是从公共的空间到半公共的空间，再到私有的空间；也可以从开放的空间到半开放的空间，再到封闭的空间；或者是从大尺度的空间到中等尺度的空间，再到小尺度的空间。当然，空间层次也可以是有节奏的变化。

4 场所与场所精神

4.1 场所

阿摩斯·拉普卜特（Amos Rapoport）在《建成环境的意义》中提到："……环境可被看作事物与事物之间，事物与人之间，人与人之间的一系列联系。"[1] 所有建成环境都构成空间、时间、交流、意义这四种成分的复杂的相互关联。这里，拉普卜特使用了"环境"一词，但细究其意，与我们讨论的"场所"一词是近义的。

十次小组（Team X）的成员阿尔多·凡·艾克解释了场所与场合这两个概念。他认为，人们意向中的空间就是场所，而在人们意念中的时间就是场合。空间与时间代表了一种抽象化的意义，而场所与场合则代表了一种真实的存在。

在《场所精神：迈向建筑现象学》一书中，诺伯舒兹（Christian Norberg-Schulz）从现象学的角度来理解，认为场所"……指的是由具有物质的本质、形态、质感及颜色的具体的物所组成的一个整体。这些物的总合决定了一种'环绕的特性'，亦即场所的本质。一般而言，场所都会具有一种特性或'气氛'。因此场所是定性的、'整体的'现象，不能够约简其任何的特质，诸如空间关系，而不丧失其具体的本性"。[2]

综合各家之言，我们可以将场所理解为一个由物质、空间、时间、人和事件共同构成的，具有意义、呈现特征的综合整体。

1 （美）阿摩斯·拉普卜特著，黄兰谷等译. 建成环境的意义——非语言表达方法 [M]. 北京：中国建筑工业出版社，1992: 164-165.

2 （挪）诺伯舒兹著，施植明译. 场所精神：迈向建筑现象学 [M]. 武汉：华中科技大学出版社，2010: 7.

4.2 场所精神

场所的整体特质反映了某一特定地区人们的生活方式，与"定居"有关。"当人定居下来，一方面他置身于空间中，同时也暴露于某种环境特性中。这两种相关的精神更可能称之为'方向感'（orientation）和'认同感'（identification）。"[1]

方向感

方向感与空间有关，节点、路径、区域、标志、边界，基本的空间结构是形成人的方向感的客体。一个好的环境意象能给它的拥有者在心理上有安全感，免于失落感。因此所有的文化都发展了自己的方位系统，也就是能达到好的环境意象的空间结构。

认同感

认同感首先意味着与特定的自然环境为友，对现代都市人而言，还包括如街道、建筑这样的人为环境。能让人产生认同感的客体是有具体环境特质的，而人与这些特质的联系通常是从小培养的。认同感最终导向归属感。

参考资料

1.《景观设计学——场地规划与设计手册（原著第五版）》
（美）巴里·W. 斯塔克，约翰·O. 西蒙兹著，朱强等译 [M]. 北京：中国建筑工业出版社，2014.
参考内容：全书

2.《外部空间设计》
（日）芦原义信著，尹培桐译 [M]. 北京：中国建筑工业出版社，1985.
参考内容：全书

3.《场所精神：迈向建筑现象学》
（挪）诺伯舒兹著，施植明译 [M]. 武汉：华中科技大学出版社，2010.
参考内容：Ⅰ、场所？；Ⅶ、场所；Ⅷ、今日的场所

扩展阅读

1.《总体设计》
（美）凯文·林奇，加里·海克著，黄富厢等译 [M]. 北京：中国建筑工业出版社，1999.

2.《交往与空间（第四版）》
（丹麦）扬·盖尔著，何人可译 [M]. 北京：中国建筑工业出版社，2002.

1 （挪）诺伯舒兹著，施植明译. 场所精神：迈向建筑现象学 [M]. 武汉：华中科技大学出版社，2010: 18.

练习 2-3.1：空间组织

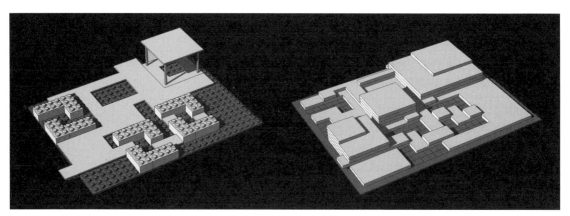

图 2-3-12 空间组织

任务书

练习任务

通过用 KT 板层叠制作比例为 1：150 的外部空间体量模型，结合草图分析，从三维的视角，探讨场地中各个外部空间要素的基本组织结构，厘清空间层级和组织秩序。（图 2-3-12）

练习要点

1. 空间体量
2. 外部空间要素：入口、通道、院落、广场
3. 外部空间组织：结构、层级、秩序

材料工具

1. 灰卡纸：2mm 厚，尺寸 230mm×290mm，作为模型底板
2. 白色 KT 板：用于制作空间体量
3. 相机或手机、A4 草图纸：用于记录和分析

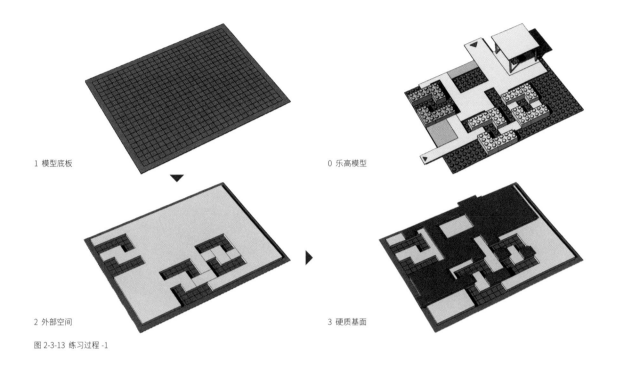

1 模型底板

0 乐高模型

2 外部空间

3 硬质基面

图 2-3-13 练习过程 -1

过程详解

1 模型底板

此阶段练习在 2-0.3 秩序·演变练习成果（图 2-3-13：0）的基础上进行，首先按 1 ∶ 150 的比例用灰卡纸制作模型底板（图 2-3-13：1）。基地尺寸按 1 ∶ 150 的比例换算为 210mm×270mm，四个方向各扩大 10mm 后，模型底板尺寸为 230mm×290mm。模型底板上绘制基地边界线，并在基地范围内绘制间距为 10mm 的正交网格，以便于定位。

2 外部空间

第一层 KT 板表示完整的外部空间平面形态。（图 2-3-13：2）外部空间的平面形态由场地边界和建筑实体共同确定。空间模型实质上是将外部空间实体化，使其具有可视的三维体量，目的是将设计聚焦于外部空间，这也是本阶段练习的重点所在。中心单元是没有垂直界面的半室外空间，可将其视为外部空间的一部分。

3 硬质基面

第二层 KT 板表示硬质基面。因硬质基面区域是主要承载人的活动的场所，故可以认为在外部空间的层级中高于软质基面区域。（图 2-3-13：3，图中红色仅表示新增 KT 板层）

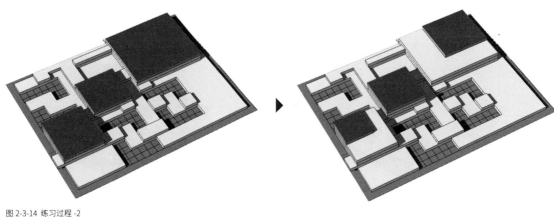

图 2-3-14 练习过程 -2

220 过程详解

4 空间层级

结合空间的功能属性、人的行进流线以及建筑出入口位置等因素，对外部空间的几何形态进行多种可能的划分，进而确定其基本的结构关系。通过控制 KT 板层数的方式区别外部空间的各个部分，KT 板的层数取决于其在整个体系中的等级和地位。最终的外部空间体量模型应清晰表达外部空间的组织结构、层级和秩序。（图 2-3-14）

外部空间常见的组织方式包括以下四种。

街巷式：外部空间以线性方式组织，强调空间路径。

簇群式：几个相对独立的外部空间单元，以簇群方式组织。

中心式：实体围合较大尺度的外部空间，并以此为中心。

混合型：现实中的外部空间，尤其是范围较大、构成复杂的外部空间，往往是综合运用多种组织方式，形成丰富的整体外部空间，而不是仅仅采用单一的组织方式。如意大利锡耶纳坎波广场及周边区域的外部空间，就是运用街巷式＋中心式组织方式的典型案例。

外部空间单元的类型也是多样的，常见的有院落、街道和广场，这三者的尺度和形态往往有较为明显的区别，对应不同的使用功能。此阶段建议关注对这三种外部空间单元的提取和运用。

练习中，结合交通流线和功能设置，确定各外部空间体量的等级和地位，鼓励多种可能性的探讨。

练习 2-3.2：功能转换

图 2-3-15 功能转换

任务书

练习任务

根据展示、餐饮、公厕三种功能要求（图 2-3-15），进行基本单元的平面布置和立面设计。练习中除了考虑建筑内部功能、空间与流线的合理性，更要通过出入口的位置设定、垂直界面的开放程度等方式建立良好的内外空间关系，将场地中的建筑实体与外部空间组织为一个整体。此阶段以草图形式推敲功能单元的内部平面，确定方案后绘制 1：150 的平面定稿，并结合立面设计制作 1：100 单元模型，模型内部可做适当家具布置。

练习要点

1. 建筑内部功能组织
2. 建筑内外空间关系

材料工具

1. 草图纸、绘图纸及绘图工具：用于设计推敲和定稿绘制
2. 白色卡纸或 PVC 板、透明亚克力板或胶片：用于单元模型制作

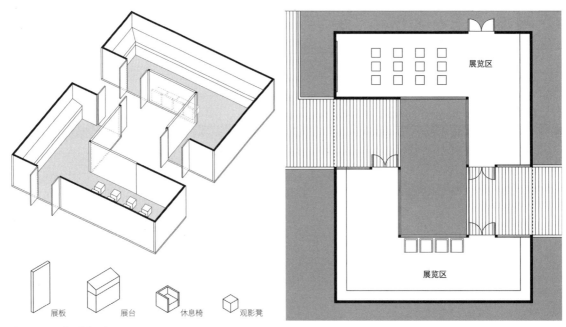

展板　　　　展台　　　　休息椅　　　观影凳

图 2-3-16 展示单元设计示意

过程详解

1 展示功能

展示部分是此阶段设计中最主要的功能，由四个展示单元和中心展厅共同组成。设计应考虑这几个展示空间之间密切的交通联系，设置合理、引导性强的参观流线，体现展示功能在整个场所中的重要性。(图 2-3-16)

展示单元内部主要的展示方式为展柜展示和展板展示两种，也可以根据需要增加如投影展示等其他展示方式。设计中应充分考虑观展距离的控制和观展流线的组织。展示单元中建议设置的家具包括：

展柜：高 900~1150mm，宽 450mm，长度自定；

展板：高 1800mm，长度自定；

休息椅：平面尺寸 600mm×600 mm，椅背高 600mm；

观影凳：平面尺寸 400mm×400mm，高 400mm。

展示功能的设置不局限于室内空间，可以充分利用观展流线在室内外空间的转换，将部分室外空间组织到展示系统内，赋予其合适的展示功能。

立面设计的重点不在于独特的造型，而应关注因出入口设置及垂直界面的开合状态而产生的建筑内部空间与场地外部空间之间的关系。在展示单元的立面设计中还需考虑洞口采光与内部展示之间的关系。

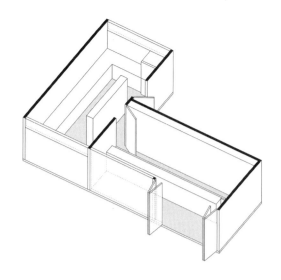

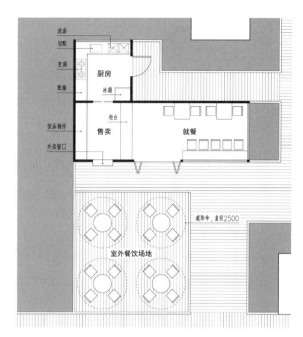

厨房：洗涤、切配、烹饪、备餐、储存
售卖：售卖柜台、饮品制作、橱柜、外卖窗口
就餐：室内设置少量桌椅，室外安排四组桌椅

图 2-3-17 餐饮单元设计示意

过程详解

2 餐饮功能

餐饮单元分为制作区（厨房）、售卖区、室内就餐空间和室外餐饮场地，几个部分既相对独立，又联系紧密。（图 2-3-17）

制作区需要有独立和相对隐蔽的工作出入口，供货物和工作人员进出；厨房内布置深度为 600mm 的操作台，长度应足够容纳洗涤、切配、烹调和配餐这四个主要操作步骤；冰箱摆放在合理的位置。制作区平面设计的重点在于控制合理的工作流线和操作空间。在立面上开设门窗洞口时要充分考虑设备尺寸及操作特点。

售卖区设置在厨房与室内就餐空间之间，主要功能包括点餐、取餐、饮品制作及外卖窗口。售卖区与厨房之间以门（或布帘）相连，要便于食物的运送；售卖区与室内就餐空间以柜台隔断，售卖区内应结合功能行为，保证充足的操作和活动空间；外卖窗口设置的位置，应兼顾室内工作人员的操作和室外顾客的易达性。

就餐空间包括室内和室外两部分。室内部分，入口位置应便于顾客到达；根据就餐空间尺度，建议安排简易餐椅，以单人或两人就餐为主；以较为开放的形式与室外餐饮场地紧密联系。室外部分安排四组四人桌椅；宜有较好的景观朝向。

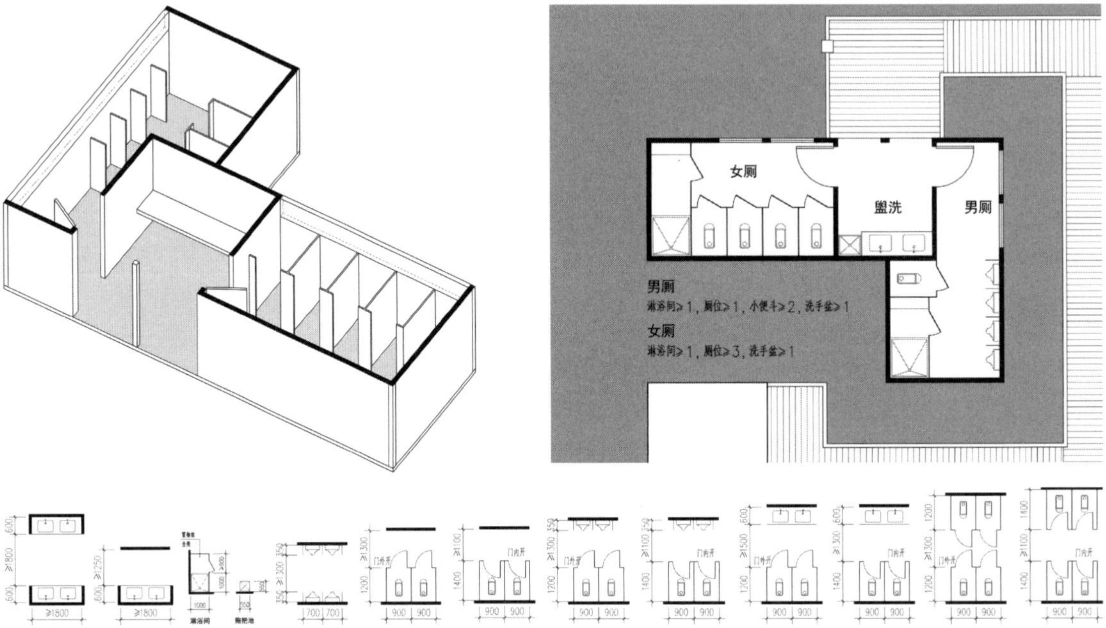

图 2-3-18 公厕单元设计示意

过程详解

3 公厕功能

公厕单元分为男厕和女厕,男女厕可以完全独立,也可以共用盥洗区。男厕的设施应至少包括 1 个厕位、2 个小便斗、1 个洗手盆和 1 个淋浴间;女厕的设施应至少包括 3 个厕位、1 个洗手盆和 1 个淋浴间。此外,应在公厕单元内至少配备 1 个供清洁人员使用的拖把池。(图 2-3-18)

布置公厕单元平面时,应充分考虑厕位、小便斗、洗手台、拖把池、淋浴间等常用卫生设施的基本尺寸和最小间距,以及人在进出、使用、通行、等候时所需的空间尺寸。

公厕单元的平面设计需要兼顾使用的便捷合理和空间的紧凑高效,并在保障隐私方面有所考虑。

公厕单元立面设计中要注意的是,在满足采光的同时,考虑私密性要求。

练习 2-3.3：界面设计

图 2-3-19 界面设计

任务书

练习任务

结合基本单元的功能设计，再次审视和评判外部空间体量模型，在确定组织结构的基础上，针对场地外部空间进行界面设计。外部空间界面包括基面、顶面和垂直要素。（图 2-3-19）

练习要点

1. 外部空间的界定要素
2. 外部空间的界定方式
3. 领域感与场所感

材料工具

1. 灰卡纸：360mm×450mm，厚度 2mm，作为过程模型底板
2. 椴木层板：360mm×450mm，厚度 6-10mm，作为最终模型底板
3. 白色卡纸或 PVC 板：厚度 1-2mm，用于制作基本单元和中心展厅
4. 木片和木杆：规格自定，用于制作外部空间界定要素

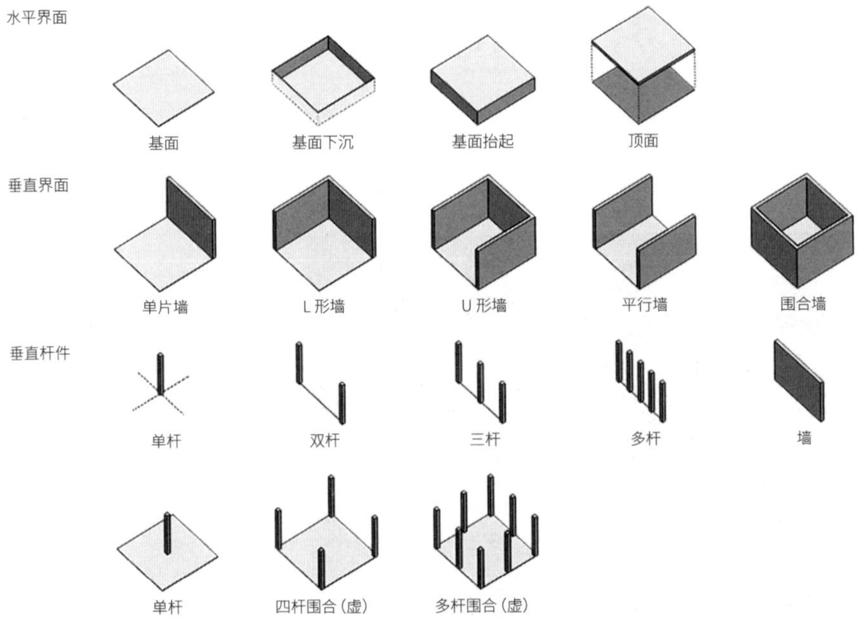

水平界面

基面　　基面下沉　　基面抬起　　顶面

垂直界面

单片墙　　L 形墙　　U 形墙　　平行墙　　围合墙

垂直杆件

单杆　　双杆　　三杆　　多杆　　墙

单杆　　四杆围合（虚）　　多杆围合（虚）

图 2-3-20 外部空间限定要素

226 过程详解

1 初步设计

结合已有的空间布局方案，在 1 ：100 的场地模型上进行外部空间的初步设计。初步设计的要点是在 2-3.1 练习阶段分析、确定外部空间组织结构的基础上，通过限定要素的加入，在进一步强化场地秩序、增加空间层次的同时，赋予各个外部空间单元与使用功能相对应的空间形态。

　　练习中，将外部空间的限定要素抽象为水平界面、垂直界面和垂直杆件三类。（图 2-3-20）

　　水平界面包括基面和顶面。其中，基面在之前练习阶段中区分硬质和软质的基础上，还可以在标高上有所变化，如对部分基面的下沉或抬升；顶面是本阶段练习中可以增加的要素，要求其高度与周边建筑协调，可以用杆件做必要的支撑，形成半室外空间。

　　垂直界面的高度以 300mm 为模数，且不超过 3000mm。垂直界面可以分隔或围合外部空间，但分隔或围合的强度与界面高度以及组合形式相关。

　　垂直杆件是指高度与截面尺寸对比悬殊的构件。单根杆件具有一定的独立性和标志性，有可能成为视觉的焦点，从而界定某个空间领域；而成组的相似杆件有可能形成视线可穿透的虚面或是围合边界可穿越的空间体量。

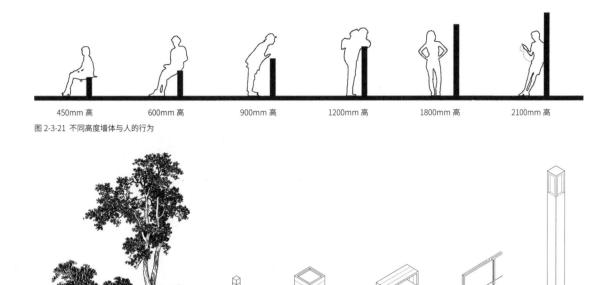

图 2-3-21 不同高度墙体与人的行为

450mm 高　　600mm 高　　900mm 高　　1200mm 高　　1800mm 高　　2100mm 高

图 2-3-22 植物

图 2-3-23 室外设施与家具

草坪灯　　花槽　　长凳　　护栏　　垂直杆件

过程详解

2 深化设计

对初步设计进行讨论和评判，主题是：界面设计是否达到了形成、组织外部空间的目的，是否与设定的场地组织结构、层级及秩序相吻合，是否形成了特定空间的领域感和场所感。根据讨论和评判的结果，对初步设计进行调整和深化。

初步设计中相对抽象的限定要素在深化设计中得以具体化。

水平界面中的硬质基面可细化材质和铺装样式，软质基面可考虑是草坪或水面，顶面则可选择透明或不透明。

具体为墙体的垂直界面，应仔细推敲其尺度。如前所述，不同高度的墙体会引发人不同的使用行为（图 2-3-21），也决定了其周边空间被分隔或围合的程度。

植物根据树冠的高低和树叶茂密程度的不同，在垂直界面和垂直杆件两者之间切换。高大单棵的乔木，经常会成为视觉焦点；成排的乔木，会形成类似成排杆件的虚面效果；树叶茂密的灌木丛，有垂直界面的效果。（图 2-3-22）

场地内至少设置六根截面尺寸为 300mm×300mm、高度为 4200mm 的垂直杆件，其功能包括综合信息查询、报警求助、夜间照明等，具体设置位置需考虑布局的均衡性。其他还可以选用的室外设施与家具包括：草坪灯、花槽、长凳、护栏等。（图 2-3-23）

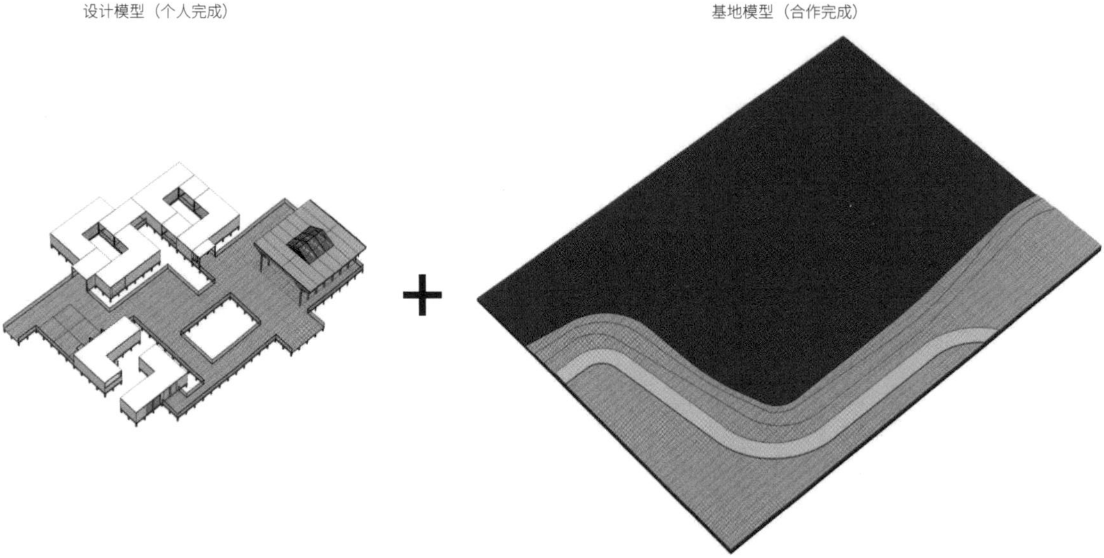

设计模型（个人完成）　　　　　　　　　　　　　　基地模型（合作完成）

图 2-3-24 设计模型与基地模型

过程详解

3 设计模型

确定设计后，开始制作 1 ： 100 的设计模型。小组合作制作一个共用的基地模型；每个练习者完成自己的设计模型后放在基地模型上，拍照记录。（图 2-3-24）

　　基地模型用深色的中密度板作为底板。底板上覆盖透明胶片或亚克力板代表水面；粘贴软木板代表草坪，可以层叠软木板的形式表达地形变化；周边道路用灰卡纸制作。

　　设计模型中，椴木层板制作硬质铺地，并在其上绘制铺装细节；白色 PVC 板制作各功能单元，也可直接用 2-3.2 练习阶段完成的模型；白色 PVC 板或模型模板制作适当简化后的中心单元。选用合适的材料制作外部空间中的顶面、垂直界面、垂直杆件以及室外设施与家具。

　　模型制作中不必过于追求逼真的效果，而应对表达对象作适当的抽象简化，并尽可能选择同色系的材料，以达到统一的效果。

练习 2-3.4：设计表达

图 2-3-25 设计表达

任务书

练习任务

绘制比例为 1 ： 150 的总平面图以表达最终的设计成果。总平面图中，建筑物以底层平面的形式表达，外部空间以不同的图例表达基面材质、室外设施与家具、植物配景等内容。绘制人视高的透视渲染图以表现场地内的场所空间，表现对象选择最能体现室内外空间关系的部位。（图 2-3-25)

练习要点

1. 总平面的制图要求
2. 钢笔淡彩渲染技法

材料工具

1. 绘图纸 / 水彩纸
2. 铅笔、针管笔、尺规工具
3. 彩铅、水彩或其他色彩工具

图 2-3-26 总平面图（局部）

图 2-3-27 场景表现图

过程详解

1 总平面图

先以铅笔绘制底稿，再以针管笔绘制墨线正图。（图 2-3-26）

    根据表达的内容，正确区分线型和粗细。
    正确表达基面材质、室外设施与家具、植物配景等内容。
    正确表达建筑墙体、门窗、家具等内容。

2 渲染表现

用正确的方法求得人视高的场景透视（仅限于一点透视和两点透视）。场景选择场地内重要空间节点或典型空间节点，能较好表现室内外空间关系。合适的人物及环境配景会为建筑和场地带来生动感和真实感，可以借助草图和照片拼贴的方法来研究树、人及其他环境细节的合理配置。此外，光影关系对于场景的成功表现也非常重要。（图 2-3-27）

    首先，将透视放大至合适的尺寸并拓印到图纸上。
    其次，添加树、人等配景及其他环境细节，完成构图。
    再次，运用色彩渲染技法，可选择彩铅、水彩或马克笔等工具。
    最后，渲染完成后用墨线勾勒建筑及配景轮廓，其中建筑物及构筑物的轮廓需用尺规完成。

作业示例

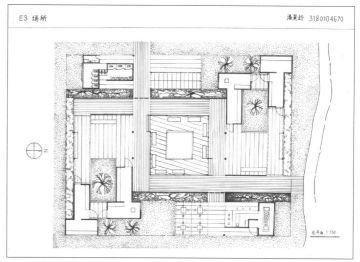

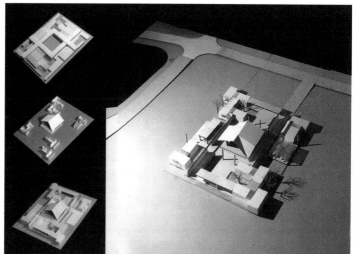

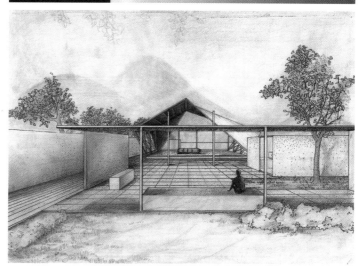

潘翼舒 2018 级

总平面 1:150

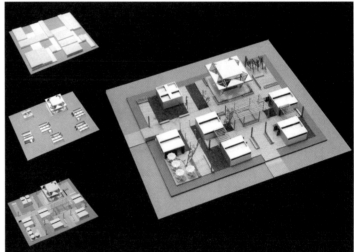

芦凯婷 2018 级

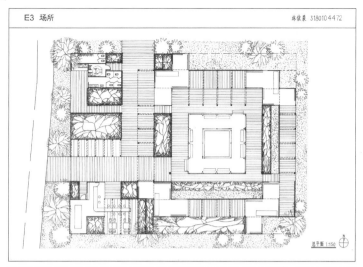

总平面 1:150

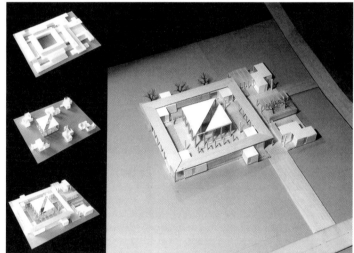

林依泉 2018 级

234

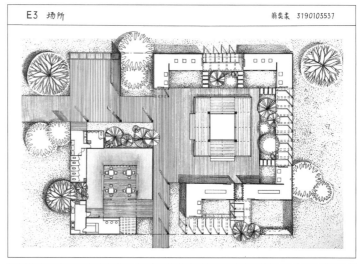

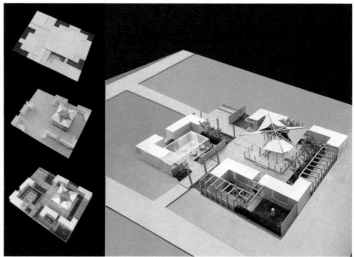

翁奕柔 2019 级

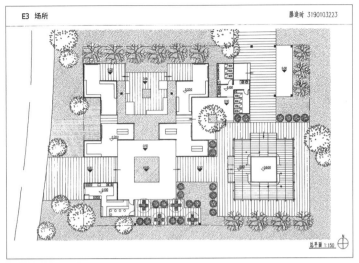

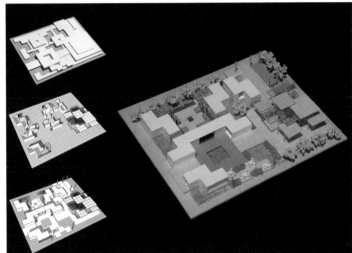

235

滕逢时 2019 级

236

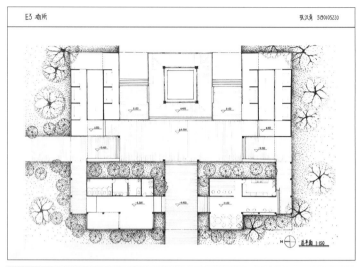

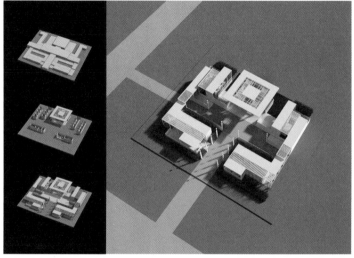

张汉青 2019 级

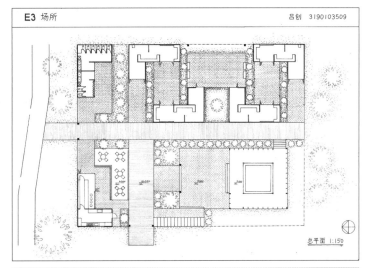

吕创 2019 级

图片来源

书中图片除注明外，均为编者自绘、自摄或来自学生作业。

图 1-1-9（左）：网络 https://b2b.hc360.com/viewPics/supplyself_pics/240346539.html

图 1-1-9（右）：网络 http://www.bi-xenon.cn/item/600425657438.html

图 1-3-5：网络 https://www.eruditionmag.com/home/what-if-le-corbusier-is-not-also-jeanneret-a-creative-investigation

图 1-3-6：同上

图 1-3-7：（美）柯林·罗，罗伯特·斯拉茨基著，金秋野，王又佳译. 透明性 [M]. 北京：中国建筑工业出版社，2007：61

图 1-3-8：同上：72

图 1-4-3：网络 https://en.wikipedia.org/wiki/Rubin_vase#/media/File:Face_or_vase_ata_01.svg

图 1-4-4：网络 https://upload.wikimedia.org/wikipedia/commons/3/31/Giovanni_Battista_Nolli-Nuova_Pianta_di_Roma_%281748%29_05-12.JPG

图 1-4-5（上）：网络 https://wenku.baidu.com/view/09592a0303d8ce2f006623d4.html

图 1-4-5（下）：网络 http://www.foldcity.com/thread-1040-1-1.html

图 1-4-6（左）：网络 https://www.taodocs.com/p-391901010.html

图 1-4-7：（美）程大锦著，刘丛红译. 建筑：形式、空间和秩序（第二版）[M]. 天津：天津大学出版社，2005：183

图 1-4-8：Rafael Moneo. MURCIA TOWN HALL[J]. El Croquis: 2000，98：81

图 1-4-9：张涛. 建筑与城市空间的对话——细读穆尔西亚市政厅 [J]. 建筑与文化：2015，01（130）：162

图 1-5-4（上）：网络 https://www.sohu.com/a/161402084_711249

图 1-5-4（下）：网络 https://www.gooood.cn/villa-kogelhof-by-paul-de-ruiter-architects.htm

图 1-5-5：网络 https://www.nga.gov/features/slideshows/a-design-for-the-east-building.html#slide_9

图 1-5-6：金方编著. 建筑制图（第三版）[M]. 北京：中国建筑工业出版社，2018：132

图 1-5-7：钟训正著. 建筑画环境表现与技法 [M]. 北京：中国建筑工业出版社，1985：143

图 1-5-10：金方编著. 建筑制图（第三版）[M]. 北京：中国建筑工业出版社，2018：149

图 2-0-3：网络 http://www.onegreen.net/maps/html/32886.html?from=groupmessage

图 2-0-4：网络 https://arquitecturaviva.com/articulos/el-humanista-rebelde#lg=1&slide=6

图 2-0-5：（美）程大锦著，刘丛红译. 建筑：形式、空间和秩序（第二版）[M]. 天津：天津大学出版社，2005：318

图 2-0-6：（荷）伯纳德·卢本等著，林尹星，薛皓东译. 设计与分析 [M]. 天津：天津大学出版社，2010：26

图 2-0-7：网络 https://1.bp.blogspot.com/-obYqv7SWDvs/T_wSdlJ5ZtI/AAAAAAAAAdM/PtVtZR0_ats/s1600/direcctorintheclassroom.jpg

图 2-0-8：网络 https://thinkmatter.in/2021/07/02/modern-heritage-jawahar-kala-kendra-jaipur/#jp-carousel-38854

图 2-0-9：网络 https://eisenmanarchitects.com/Wexner-Center-for-the-Visual-Arts-and-Fine-Arts-Library-1989

图 2-0-10：网络 https://zhuanlan.zhihu.com/p/159449700

图 2-1-3: 网 络 https://en.wikipedia.org/wiki/Vitruvian_ Man#/media/File:Da_Vinci_Vitruve_Luc_Viatour.jpg

图 2-1-4: Burak Erdim. From Germany to Japan and Turkey: Modernity, Locality, and Bruno Taut's Transnational Details from 1933 to 1938[J]. lunch : dialect

图 2-1-5: 中国建筑工业出版社，中国建筑学会总主编 . 建筑设计资料集 第 1 分册 建筑总论 [M]. 北京：中国建筑工业出版社，2017: 6

图 2-1-6: 网 络 https://www.apartmenttherapy.com/ the-frankfurt-kitchen-is-still-relevant-to-modern-homes-248940?utm_source=facebook&utm_ medium=social&utm_campaign=managed

图 2-1-7: 网 络 https://www.archdaily.com/902597/ on-the-dislocation-of-the-body-in-architecture-le-corbusiers-modulor/5ba95eaff197cca23c000343-on-the-dislocation-of-the-body-in-architecture-le-corbusiers-modulor-photo

图 2-1-8: Colin Rowe. The mathematics of the ideal villa and other essays [M]. Cambridge and London：The MIT Press, 1987: 10

图 2-1-9: （法）勒·柯布西耶著，张春彦，邵雪梅译 . 模度 [M]. 北京：中国建筑工业出版社，2011: 40

图 2-1-10（上）：同上：82

图 2-1-10（下）：同上：94

图 2-1-11: 刘先觉主编 . 现代建筑理论：建筑结合人文科学自然科学与技术科学的新成就（第二版）[M]. 北京：中国建筑工业出版社，2008: 152

图 2-1-12: 网 络 https://www.robertaparlato.com/villa-emo/

图 2-1-13: （荷）伯纳德·卢本等著，林尹星，薛皓东译 . 设计与分析 [M]. 天津：天津大学出版社，2010: 81

图 2-1-14: 同上：84

图 2-1-15: 同上：88

图 2-1-16: （日）原口秀昭著，徐苏宁，吕飞译 . 路易斯·I·康的空间构成 [M]. 北京：中国建筑工业出版社，2007: 31

图 2-1-17: 网 络 https://www.sohu.com/ a/301655540_164992

图 2-1-18: 网 络 https://www.sohu.com/ a/204345578_720476

图 2-1-19: 网 络 https://yinjispace.com/article/Tadao-Ando-Chapel-on-the-Water.html

图 2-1-20: （美）程大锦著，刘丛红译 . 建筑：形式、空间和秩序（第二版）[M]. 天津：天津大学出版社，2005: 174

图 2-1-21: （荷）赫曼·赫茨伯格著，仲德崑译 . 建筑学教程：设计原理 [M]. 天津：天津大学出版社，2003: 32

图 2-1-22: 网 络 http://themapisnot.com/issue-iii-will-cordeiro

图 2-1-24: （美）程大锦著，刘丛红译 . 建筑：形式、空间和秩序（第二版）[M]. 天津：天津大学出版社，2005: 171

图 2-1-25: （美）G.Z. 布朗，（美）马克·德凯著，常志刚，刘毅军，朱宏涛译 . 太阳辐射·风·自然光——建筑设计策略（原著第二版）[M]. 北京：中国建筑工业出版社，2006: 147

图 2-1-26: 同上

图 2-2-3: （荷）伯纳德·卢本等著，林尹星，薛皓东译 . 设计与分析 [M]. 天津：天津大学出版社，2010: 117

图 2-2-5: SOU FUJIMOTO 2003-2010. Final Wooden House[J]. El Croquis：2011，151: 87

图 2-2-6: 网 络 http://www.shigerubanarchitects.com/ works/2013_tamedia-office-building/index.html

图 2-2-7: 网络 https://kkaa.co.jp/works/architecture/gc-prostho-museum-research-center/

图 2-2-8: 网 络 https://www.mvrdv.nl/projects/240/ crystal-houses

图 2-2-9: 网 络 http://www.shigerubanarchitects.com/ works/2000_japan-pavilion-hannover-expo/index.html

图 2-2-10: （德）海诺·恩格尔著，林昌明，罗时玮译 . 结构体系与建筑造型 [M]. 天津：天津大学出版社，2002: 22

图 2-2-11: 同上：24

图 2-2-12: 网络 https://upload.wikimedia.org/wikipedia/ commons/8/8c/Walt_Disney_Concert_Hall%2C_ LA%2C_CA%2C_jjron_22.03.2012.jpg

图 2-2-13: 网 络 https://www.archdaily.com/322782/ad-classics-centre-le-corbusier-heidi-weber-museum-le-corbusier/50fc652eb3fc4b068c000067-ad-classics-centre-le-corbusier-heidi-weber-museum-le-corbusier-photo

图 2-2-14: 网 络 https://www.dezeen.com/2019/11/05/ centre-pompidou-piano-rogers-high-tech-architecture/

图 2-2-16: 网 络 https://www.sohu.com/

a/307938599_100723

图 2-2-17: Henric Sten Møller, Vibe Udsen. Jørn Utzon Houses [M]. Copenhagen: Living Architecture Publishing, 2006: 22-25

图 2-2-18: 网 络 https://kkaa.co.jp/works/architecture/china-academy-of-arts-folk-art-museum/

图 2-2-20: 胡向磊编著 . 建筑构造图解 [M]. 北京: 中国建筑工业出版社, 2014: 104

图 2-2-21: 同上

图 2-2-22: (美) 肯尼斯·弗兰姆普敦著, 王骏阳译 . 建构文化研究——论 19 世纪和 20 世纪建筑中的建造诗学 [M]. 北京: 中国建筑工业出版社, 2007: 55

图 2-2-23: 网络 http://www.ikuku.cn/article/zhutaoxidujianzhuquanneishinianzhimadasibaneeeeyushanshichai

图 2-2-24: TOYO ITO 2005-2009. Tama Art University Library[J]. El Croquis: 2011, 147: 109, 120-121

图 2-2-25 (上): 网络 http://www.sccjjzgc.com/article/indnews/527.html

图 2-2-25 (下): OCAT 当代艺术中心上海馆编 . 久违的现代: 冯纪忠 / 王大闳建筑文献集 [M]. 上海: 同济大学出版

社, 2017: 85

图 2-2-26: 《大师》编辑部编著 . 彼得·卒姆托 [M]. 武汉: 华中科技大学出版社, 2007: 136

图 2-2-27: 网络 https://baijiahao.baidu.com/s?id=1716544640678198459&wfr=spider&for=pc

图 2-2-30: (德) 海诺·恩格尔著, 林昌明, 罗时玮译 . 结构体系与建筑造型 [M]. 天津: 天津大学出版社, 2002: 44-45, 120-121, 158-159

图 2-3-3: (美) 巴里·W. 斯塔克, 约翰·O. 西蒙兹著, 朱强等译 . 景观设计学——场地规划与设计手册 (原著第五版) [M]. 北京: 中国建筑工业出版社, 2014: 14

图 2-3-4: 同上: 59

图 2-3-6: (日) 芦原义信著, 尹培桐译 . 外部空间设计 [M]. 北京: 中国建筑工业出版社, 1985: 4

图 2-3-7: 同上: 12, 15

图 2-3-8: 同上: 12, 15

图 2-3-9: 同上: 24

图 2-3-10: 同上: 25

后记

本书较为全面、详细地记录了设计初步课程的教学内容与练习过程。完整的课程分为设计初步 1 和设计初步 2 两部分，教学周期均为 16 周。

设计初步 1 的主题为"抽象空间"，由 5 个相对独立的练习课题平行组成。其中课题 1-1 和课题 1-2 从体量出发，强调实空转换；课题 1-3 和课题 1-4 则从界面出发，强调围合界定。这四个课题的训练目的是让练习者在体会空间形成方式多样性的基础上，建立操作手法和空间体验之间的联系；而课题 1-5 则要求练习者将抽象的练习成果置入真实的环境中。（图 4）

设计初步 2 的主题为"现实场景"，由 4 个练习课题组成，在承继抽象理性思维的基础上，引入相对现实的设计问题。贯穿整个课程的练习为以乐高积木为工具的"秩序"课题，强化设计中的理性思维。设计选址为真实环境中的一处假想场地，通过考古工作人员临时居住单元、考古遗址展示厅、小型考古主题公园三个练习，分别关注三个核心问题：人居·功能、建构·技术、场所·环境。（图 5）

每个课题的教程均包含以下内容：

课题概述部分简要描述该课题的教学任务，列出教学要点和教学周期，并将教学安排细化到每周和每次课，明确课内和课后需要完成的练习内容。

背景知识部分的内容是完成设计课题的理论支撑。设计初步 1 课程中，一般会在每个课题的开题阶段安排一次讲述课，讲述相关概念与知识，讲解练习的步骤与要点；设计初步 2 课程的理论讲述则安排在与之平行设置的建筑设计概论课上，每周一次，每次 2 课时，讲授内容与设计课的进程保持同步。限于本书的篇幅，背景知识只是以要点提纲的方式呈现，未做详细展开。

每个课题由 2-4 个阶段练习组成，各个阶段练习呈现的内容包括任务书和过程详解两个部分。任务书简要描述该阶段的练习任务，列出练习要点和完成该阶段练习所需的材料与工具。过程详解则将阶段练习进一步分解为具体的操作步骤，除了描述在各个步骤中需完成的练习内容外，还列出了一些需要重点关注的环节及相应的解释，这些内容有助于更好地理解课题的训练目的。

每个课题的最后安排若干作业示例，通过这些练习成果可以更直观地展现在统一、严格的要求和规定之下，每位练习者通过个人探索而得到的多种可能性。在课题 1-1、课题 1-2、课题 1-3 和课题 1-4 的作业实例中，部分图纸的原稿为铅笔手绘，为保证清晰地呈现图纸内容，对这部分图纸用计算机软件进行了重绘。

需要说明的是，本教程中的部分练习阶段和练习步骤参考借鉴了国内外高校的相关课程，并进行了整合，如顾大庆在香港中文大学主持开设的设计基础课程、布鲁斯·朗曼（Bruce Lonnman）在多所高校主持开设的空间构成课程等，一些练习的背景渊源甚至可以追溯到赫伯特·克莱默（Herbert Kramel）于 1984～1996 年在苏黎世联邦理工学院（ETH-Z）主持开设的"基础设计"课程。

在此，向这些练习内容的原创者一并致谢。

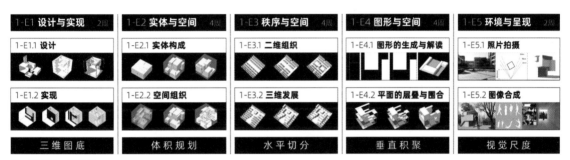

图 4 设计初步 1 课题结构

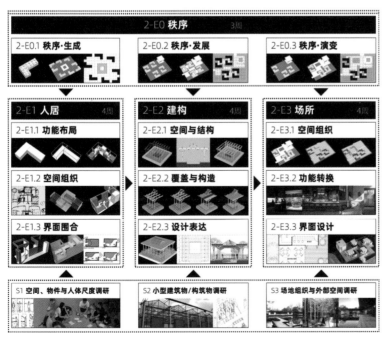

图 5 设计初步 2 课题结构